E-Mail-Korrespondenz

Juristisch und sprachlich korrekt

Prof. Dr. Edmund Beckmann
Dr. Steffen Walter

W0236538

C.H.BECK

So nutzen Sie dieses Buch

Die folgenden Elemente erleichtern Ihnen die Orientierung im Buch:

Beispiele und Übungen
In diesem Buch finden Sie zahlreiche Beispiele, die das Gesagte illustrieren. Übungen regen Sie dazu an, das Gelesene umzusetzen.

Definitionen
Hier werden Begriffe kurz und knapp erläutert.

 Die Merkkästen enthalten hilfreiche Hinweise und wertvolle Tipps.

Auf den Punkt gebracht
Am Ende jedes Kapitels finden Sie eine kurze Zusammenfassung.

Inhalt

Vorbemerkung

Die Korrespondenzwelt befindet sich zurzeit in einer Umbruchphase. Der klassische Geschäftsbrief ist ein Auslaufmodell geworden. Das heißt natürlich nicht, dass es am Ende des Jahres keine papiernen Briefe mehr gibt. Das Verschieben zeigt sich jedoch beispielhaft in folgenden Prozentangaben.

Im Jahre 2006 erreichten eine Zuschauerredaktion eines Senders ungefähr 80 % Briefe und 20 % E-Mails. Das Verhältnis hatte sich nach mehr als 10 Jahren umgekehrt: 80 % E-Mails und 20 % Briefe.

Der Brief wird von einer bestimmten Personengruppe wahrscheinlich traditionell genutzt, vielleicht auch unter der Maßgabe: Da besitzt man etwas Schwarz auf Weiß. Darüber hinaus besitzen einige keine Möglichkeit, eine E-Mail zu schreiben.

Die Mehrheit der Privatpersonen schreibt heute lieber eine E-Mail bzw. eine WhatsApp oder trägt etwas auf die Facebook-Seite des Unternehmens ein. Es ist so leicht geworden, mit anderen Personen privat, aber auch mit Unternehmen geschäftlich zu korrespondieren.

Es entfällt das mühsame Schreiben an der Schreibmaschine bzw. das aufwendige handschriftliche Verfassen. Es wird kein Briefcouvert und keine Briefmarke benötigt. Und der Gang zum Briefkasten entfällt. Letzteres ist unter dem Gesichtspunkt der Bewegungsarmut vielleicht doch nicht nur positiv zu bewerten.

Ein noch viel größerer Vorteil der E-Mail-Korrespondenz liegt für viele Nutzer in der Schnelligkeit und der möglichen Anonymität. Wenn man als Kunde Ärger mit einem Produkt oder mit einer Dienstleistung hat, dann will man möglichst rasch eine Antwort.

Mit einer E-Mail kann der eine oder andere dem Unternehmen auch mal so richtig die Meinung sagen, ohne sich mit allen Daten zu offenbaren.

Die Korrespondenz zwischen den Unternehmen hat sich durch die E-Mail enorm beschleunigt: Anfrage – Angebot – Bestellung – Rechnung. Alles kann heute innerhalb weniger Stunden – vielleicht sogar Minuten erfolgen.

Besonders in Unternehmen nimmt die psychische Belastung der Mitarbeitenden durch die E-Mail-Flut und den Zeitdruck stark zu.

All diese Faktoren führen gegenwärtig dazu, dass das Schreiben von Korrespondenzen extrem zugenommen hat und dass ein weit größerer Personenkreis als früher zur „schreibenden Zunft" zählt. In diesem Zusammenhang entsteht die Frage:

Ist die E-Mail ein traditioneller Brief – nur anders versendet?

Vielleicht war es so am Anfang. Inzwischen hat sich eine eigene E-Mail-Kultur herausgebildet. Gründe dafür sind u. a.:

• Bei einer E-Mail wird erwartet, dass diese schneller beantwortet wird.

• Ich kann mit einer E-Mail unkompliziert viele Menschen erreichen.

• Wir erhalten zu viele E-Mails. Es herrscht Informationsflut.

In einem ersten Kapitel des Buches geht es deshalb rund um das Thema E-Mail-Netiquette. Das kann immer nur ein Ist-Stand im Sinne einer Momentaufnahme sein, denn die

Schreibkultur im Zusammenhang mit E-Mails ist permanent im Fluss.

Im Zusammenhang mit der E-Mail-Korrespondenz im Geschäftsalltag bzw. im Alltag der öffentlichen Verwaltungen gibt es gegenwärtig (noch) Probleme mit der Rechtssicherheit.

Der Geschäftsbrief mit einer handschriftlichen Unterschrift besitzt eine anerkannte rechtliche Wirkung. Deshalb wird er von vielen Unternehmen und Verwaltungen in diesen Zusammenhängen oft noch bevorzugt. In einem zweiten Kapitel geht es darum, den gegenwärtigen Rechtszustand in Grundzügen darzustellen.

In der E-Mail-Korrespondenz haben sich Besonderheiten bei den wichtigsten Knotenpunkten der Korrespondenz (Betreff, Anrede, Textanfang, Schluss-Satz, Gruß) herausgebildet. Alte gewohnte Textbausteine greifen in der E-Mail nicht mehr oder fallen ganz weg. Neue Floskeln entstehen. Diese Thematik wird im dritten Kapitel erörtert.

Darüber hinaus ergibt sich die Frage, ob sich mit der Zeit stilistische Besonderheiten im Zusammenhang mit der E-Mail-Korrespondenz herausgebildet haben. Das ist Gegenstand des vierten Kapitels.

Abschließend wird im fünften Kapitel das Thema „Normen in der E-Mail" aufgegriffen. Wie viel Freiraum hat der Einzelne? Darf man in der E-Mail alles kleinschreiben? Welche Abkürzungen sind möglich? Wie gehen Sie mit Variantenschreibungen um?

Abgerundet wird das Buch mit einem Ausblick auf sprachliche und rechtliche Entwicklungstrends.

Von folgendem Begriff der geschäftlichen E-Mail gehen wir in diesem Buch aus:

Eine geschäftliche E-Mail ist ein elektronisch versendeter Geschäftsbrief.
Die E-Mail enthält deshalb kein Anschriftenfeld, aber eine Signatur, die Elemente der traditionellen Briefnorm, wie Geschäftslogo, Informationsblock bzw. Fußzeile, integriert.

Die E-Mail ist oft mit Telefonaten bzw. Gesprächen verquickt. Aus diesen Gründen ist die Sprache in E-Mails weniger förmlich. In die E-Mail-Korrespondenz fließen deshalb auch Formen der mündlichen Korrespondenz, wie Begrüßungsfloskeln, Kurzsätze, ein.

Die E-Mail kann bei Beachtung rechtlicher Rahmenbedingungen rechtsgültig versendet werden. Dies gilt auch für den Bereich der öffentlichen Verwaltung.

Private Korrespondenz wird in diesem Ratgeberbuch nicht betrachtet. Private Korrespondenz wird jedoch indirekt berücksichtigt, da Privatpersonen mit Unternehmen bzw. öffentlichen Verwaltungen per E-Mail korrespondieren. Damit wird die sprachliche Wellenlänge in einer Antwort des Unternehmens bzw. der öffentlichen Verwaltung beeinflusst.

In diesem Ratgeberbuch werden keine technischen Hinweise oder Anleitungen im Zusammenhang mit E-Mails gegeben.

Die E-Mail dominiert zurzeit die Korrespondenzwelt. Aber ist es möglich, dass technische Entwicklungen auch die E-Mail irgendwann auf ein Abstellgleis schieben?

Die Autoren sind sich sicher, dass die sprachlichen Formulierungsfähigkeiten und das Beachten der geltenden rechtlichen Gegebenheiten die entscheidenden Kriterien für überzeugende Geschäftstexte bleiben werden.

E-Mail-Netiquette

Sprachliche Freiräume nutzen oder Normen einhalten?

In der papiernen Korrespondenz gibt es einen Leitspruch: „Der Brief ist die Visitenkarte des Unternehmens bzw. der öffentlichen Verwaltung". Diesen Spruch sollten Sie unbedingt auf die E-Mail übertragen. Jeder Text wird direkt oder indirekt durch die Empfänger bewertet.

> *Mögliche Wirkungen bei Empfängern:*
> - *„Das ist nicht zu verstehen!"*
> - *„Ich weiß immer noch nicht, was die wollen."*
> - *„Können die überhaupt Deutsch?"*
> - *…*

Beachten Sie bitte weiterhin, dass Sie auch innerhalb des eigenen Unternehmens Ihre Visitenkarte abgeben.

Des Weiteren kommt hinzu, dass die E-Mail-Korrespondenz zwingender Bestandteil der Akte/Ablage (elektronisch oder in Papierform) wird

Schreibnormen

(Rechtschreibung und Zeichensetzung sowie Normen der DIN 5008) sind in der E-Mail einzuhalten.

Übung

Finden Sie in der folgenden E-Mail 5 Fehler?

Guten Tag zusammen,

der Termin unserer Abschluss-Sitzung (ursprünglicher Termin: 01. November 2019, 14 – 16 Uhr) muss verschoben werden.

Neuer Termin: 10. November 2019, von 15 – 17 Uhr.

Bitte informiert mich bis Montag morgen, ob ihr den neuen Termin wahrnehmen könnt. Beachtet bitte, das ich zur Zeit nur vormittags erreichbar bin.

LG Manuela

Lösung

Guten Tag zusammen,

der Termin unserer Abschluss-Sitzung (ursprünglicher Termin: **1. November** *2019, 14 – 16 Uhr) muss verschoben werden.*

Neuer Termin: 10. November 2019, von 15 **bis** *17 Uhr.*

Bitte informiert mich bis **Montagmorgen***, ob ihr den neuen Termin wahrnehmen könnt. Beachtet bitte,* **dass** *ich* **zurzeit** *nur vormittags erreichbar bin.*

LG Manuela

Gibt es in der E-Mail überhaupt keine normativen Freiräume? …

In der E-Mail gelten nicht alle Regeln der DIN 5008. Zum Beispiel ist es nicht sinnvoll, den rechten Textrand zu gestalten. Flattersatz oder Blocksatz – das spielt in der E-Mail-Korrespondenz keine Rolle.

Sie schreiben weiter, bis ein automatischer Umbruch einsetzt. Wie das Bildschirm-Fenster des Empfängers einge-

stellt ist, wissen wir in der Regel nicht. Zu den Besonderheiten im Zusammenhang mit Normen lesen Sie bitte auf
Seite 107 ff. weiter.

Der Sprachstil in E-Mails

Am Anfang des E-Mail-Zeitalters gab es die Tendenz, einen
Brief zu verfassen und den Text dann in eine E-Mail zu im-
portieren. Das bedeutete zunächst, ein Brief wird schneller
und preiswerter mit Hilfe einer E-Mail zugestellt.

Inzwischen hat sich die Lage grundlegend verändert. Ein
neuer Schreibstil hat sich herausgebildet. ohne den Maßstab
einer zeitgemäßen Korrespondenz aufzugeben.

In der E-Mail-Korrespondenz geht es unkomplizierter zu.
Vor-Sätze sind nicht notwendig und nicht erwünscht. Es
geht – zumindest in Texten mit Informationscharakter –
oft um Fakten, Fakten, Fakten. Das Wichtige wird mitunter
schon im Betreff mitgeteilt. Ein Öffnen der E-Mail ist dann
entbehrlich.

In diesem Zusammenhang kommt es zu neuen Wortformen,
die in der hochsprachlichen Norm nicht korrekt sind. Zum
Beispiel „Info" statt „Information".

> *Beispiele*
> *Zwei Mitarbeiter haben gerade telefonisch einiges bespro-*
> *chen. Der eine lässt das Gesprächsergebnis in folgender*
> *E-Mail „gerinnen":*
>
> *Hallo Manfred,*
>
> *wie gerade telefonisch besprochen, sende ich dir die Doku-*
> *mente XY zur Information.*

Liebe Grüße Torsten

Noch kürzer:

Hallo Manfred,

anbei die Dokumente XY zur Info.

LG Torsten

Noch kürzer:

Betreff: Anbei die Dokumente zur Info

end of message

Die Dokumente sind an die E-Mail angehängt. Der Empfänger kann diese problemlos speichern, bearbeiten und evtl. weiterleiten oder zurücksenden. Damit ist die E-Mail zu einem kurzen Anschreiben geworden.

Kurzsprache

Wenn die E-Mails vorwiegend dem Informationsaustausch dienen, tendieren die Nutzer zu kurzen Sätzen und verkürzten Wörtern.

Die E-Mail-Korrespondenz erfordert im Gegensatz zur papiernen Korrespondenz eine viel größere Individualität. Das betrifft zum Beispiel die Anredeformen, die in der papiernen Korrespondenz in der Regel standardisiert sind.

Beispiel

Ein Kunde schreibt in der Reklamation:

„Sehr geehrtes Serviceteam,

Antwort: Sehr geehrter Herr Muster,

Ein anderer Kunde schreibt in seiner Reklamation:

Hallo Serviceteam

Antwort: Hallo, Herr Muster,

Selbstverständlich übernehmen Sie nicht jeden Unfug, aber Sie haben die Chance, sich viel mehr auf den Empfänger sprachlich einzustellen. Zu weiteren Anredeformen lesen Sie bitte auf Seite 52 ff.

Individuelles schreiben

Die E-Mail-Korrespondenz erfordert mehr Individualität. Das heißt, sie sollten viel mehr auf die sprachliche Wellenlänge des Empfängers eingehen.

Bei aller Sachlichkeit und Konzentration auf das Wichtige ist in der E-Mail-Sprache eine verstärkte Emotionalität im Schluss-Satz zu spüren.

Der Schlussgedanke „Bei Fragen rufen Sie mich bitte an." tritt in der E-Mail eher in den Hintergrund. Der Leser sieht unmittelbar nach dem Schluss-Satz die Signatur. Hier sind Ihre Kommunikationsverbindungen angegeben. Wenn jemand eine Frage hat, dann wird er sicher einen geeigneten Kanal aussuchen.

Es besteht eine starke Tendenz, den Schluss-Satz emotional zu halten, um damit die Beziehungsebene zu gestalten.

Beispiele
Ausdruck für eine verstärkte Emotionalität sind vor allem Schlussformulierungen.

Vielen Dank.

Vielen Dank für Ihre Unterstützung.

Danke.

Schönes Wochenende.

Schönen Urlaub.

usw.

 Mit Emotionalität im Schluss-Satz stärken Sie die Beziehungsebene und die Nachhaltigkeit der E-Mail.

Selbstverständlich gehören in den Schreibstil der E-Mail keine verstaubten bzw. bürokratischen Formulierungen. Sie schreiben zu Ihren Empfängern am besten respektvoll auf Augenhöhe.

Das bedeutet einerseits, dass Sie verstaubte (z. T. untertänige) Formulierungen weglassen oder ersetzen.

Beispiele
Folgende 5 Formulierungen vermeiden Sie unbedingt:

gestatten Sie mir	*weglassen*
ich erlaube mir	*weglassen*
unterzeichnen	*unterschreiben*
zur Verfügung stehen	*anrufen, beraten, …*
verbleiben	*weglassen*

Das bedeutet andererseits, dass Sie in einer E-Mail-Sprache bürokratische Wendungen aus der Amtssprache vermeiden bzw. ersetzen.

Beispiele
Folgende 5 Formulierungen vermeiden Sie unbedingt:

Bezug nehmend,	*wie gestern vereinbart; …*
in Bezug auf	*vielen Dank für …*
beiliegend/beigefügt	*Sie erhalten …*
zwecks Terminvereinbarung	*bitte vereinbaren Sie …*
Rückfragen	*Fragen*
übersenden	*senden*

Eine einfache Sprache zu verwenden, das bedeutet nicht, in einem kumpelhaften Deutsch zu korrespondieren. Es handelt sich um Geschäftskorrespondenz. Ein respektvoller Umgang ist unabdingbar.

Zeitgemäßer Schreibstil bedeutet:
Schreiben Sie auf Augenhöhe und respektvoll zu Ihren Geschäftspartnern, Kunden, Bürgern, zu Ihrer Kollegin bzw. Ihrem Kollegen.

Umgang mit Antwortzeiten

Die E-Mail-Korrespondenz hat die Kommunikation enorm beschleunigt. Während wir beim papiernen Brief auf den

Transport durch die Deutsche Post oder einem anderen Dienstleister angewiesen sind, ist die E-Mail praktisch zeitgleich nach dem Senden beim Empfänger.

Bei einem papiernen Brief gilt eine Antwortzeit von 14 Tagen. Das bedeutet, der Empfänger sollte spätestens nach 14 Tagen eine Antwort erhalten. Wenn das nicht möglich ist, schreibt man am besten einen Zwischennachricht. Diese Zeitspanne ist bei einer E-Mail viel zu lang. Die Empfänger erwarten von einem Dienstleister schnelle Antworten, am liebsten gleich in den nächsten Minuten.

Es ist unstrittig, dass bestimmte technische Servicebereiche rund um die Uhr (jederzeit) erreichbar sein müssen. Darüber hinaus gibt es den ganz normalen Arbeitsalltag der Sachbearbeiterinnen und Sachbearbeiter, die nicht jederzeit erreichbar sein können.

Beispiel

In einem Stadtwerk, welches für die Versorgung mit Energie bzw. Wasser zuständig ist, wurden die Antwortzeiten wie folgt festgelegt:

Mitarbeiter können für einen Tag verhindert sein, z. B. ein Vor-Ort-Termin, ein Tag auf Dienstreise, ein Tag Seminar, ein Tag Urlaub, … Wenn an diesem Tag morgens um 8 Uhr eine E-Mail eintrifft, kann diese nicht bearbeitet werden.

Nach 24 Stunden (nächster Tag) ist die entsprechende Mitarbeiterin wieder am Platz. Jetzt hat sie 8 Stunden Zeit, diese E-Mail zu beantworten. Wenn das nicht möglich ist, dann wird eine Zwischennachricht versendet.

Daraus ergibt sich ein Antwortzeit von 32 Stunden. Das Wochenende bleibt dabei ausgeklammert.

Wie schnell Sie reagieren wollen und können, hängt natürlich von der Unternehmensspezifik ab. Auch innerhalb eines Unternehmens kann es unterschiedliche Anforderungen geben. Die Rechnungsabteilung muss vielleicht schneller reagieren als die Personalabteilung.

Viele öffentliche Verwaltungen verstehen sich heute als Dienstleister für die Bürger. Wenn dem so ist, dann ist eine schnelle Antwortzeit ein unbedingtes Muss. Selbstverständlich kann nicht alles in einer halben Stunde erledigt sein. Aber der Bürger erwartet Verlässlichkeit, dass seine E-Mail angekommen ist und jetzt in einer bestimmten absehbaren Zeit beantwortet wird.

Wichtig ist darüber hinaus, einen allgemeinen Text für die Zwischennachricht festzulegen. Wenn Sie das jedem Einzelnen überlassen, kann es sein, dass lustige Texte entstehen, die aber nicht unbedingt imagefördernd für das Unternehmen bzw. die Verwaltung sind.

Vorschlag Zwischennachricht
Guten Tag,

vielen Dank für Ihre Nachricht.

Das Klären Ihres Anliegens wird noch ein wenig Zeit in Anspruch nehmen. Deshalb bitte ich (bitten wir) Sie um Geduld.

Ich werde (Wir werden) Sie zeitnah informieren.

Freundliche Grüße

Signatur

Das Wort „zeitnah" ist in vielen Texten nicht konkret genug und lässt viel zu viel Interpretationsspielraum zu. In der obigen Zwischennachricht ist dieses Wort jedoch eine diplomatische Alternative, da Sie in der Regel keinen konkreten Termin nennen können.

Festgelegte Antwortzeiten

Definieren Sie für Ihr Unternehmen bzw. Ihre öffentliche Verwaltung Antwortzeiten und legen Sie einen Text für eine Zwischennachricht fest.

Erreichbarkeit sichern

In einer Dienstleistungsgesellschaft ist die Erreichbarkeit von Unternehmen bzw. öffentlichen Verwaltungen und damit von den dort arbeitenden Personen ein unbedingtes Muss. Wir ärgern uns nicht zu Unrecht, wenn wir in einer Telefon-Warteschleife „gefangen" sind.

Auch in der E-Mail-Korrespondenz brauchen die Kunden/Bürger bzw. Geschäftspartner die Gewissheit, dass die Korrespondenz nicht ins Leere läuft.

Es ist nicht umsetzbar, dass jeder immer erreichbar ist. Es muss jedoch für den anderen ein Weg aufgezeigt werden, wie die Kommunikation fortgesetzt werden kann. In diesem Zusammenhang ist eine Abwesenheitsnotiz einzusetzen. Dabei müssen zwei Sachverhalte geklärt werden:

1. Ab wann ist der Ansprechpartner wieder zu erreichen?

2. Wird die E-Mail weitergeleitet oder nicht? Wenn ja, an wen?

Beispiele für Abwesenheitsnotiz

1. Mit Weiterleitung

Guten Tag,

vielen Dank für Ihre E-Mail.

Ihre E-Mail wird automatisch an unseren Service (Tel.: 0123 456789) weitergeleitet.

Ich werde mich ab … wieder persönlich um Ihr Anliegen kümmern.

Freundliche Grüße

2. Ohne Weiterleitung

Guten Tag,

vielen Dank für Ihre E-Mail.

Ich werde mich ab … wieder um Ihre Anliegen kümmern.

Bitte beachten Sie: *Ihre E-Mail wird nicht weitergeleitet.*

In dringenden Fällen wenden Sie sich bitte an:

Sabine Muster

Telefon: 0123 456789

sabin.muster@musterwerk.de

Vielen Dank.

Freundliche Grüße

Wann (in welcher Zeitspanne) Sie eine Abwesenheitsnotiz einstellen, klären Sie im Zusammenhang mit dem Einsatz der Zwischennachricht. Zum Beispiel kann eine Abwesenheitsnotiz eingestellt werden, wenn Sie mehr als zwei Tage abwesend sind. Beachten Sie bitte auch Vorgaben Ihres Unternehmens bzw. Ihrer Verwaltung.

Diese Festlegungen über Zwischennachricht und Abwesenheitsnotiz hängen auch von Ihrem Aufgabenbereich ab. Wie viel Kundenkontakt bzw. Bürgerkontakt haben Sie? Wie dringend muss man Sie erreichen? …

Bereitschaft signalisieren

Mit einer Zwischennachricht und einer Abwesenheitsnotiz sichern Sie Ihre Erreichbarkeit. Für die Kunden/Bürger bzw. Geschäftspartner signalisieren Sie Servicebereitschaft und Transparenz.

Weiterleiten von E-Mails

Die Verteilung von Korrespondenz an die entsprechenden Stellen ist durch die Digitalisierung sehr einfach geworden. Ein Klick und der zuständige Mitarbeiter hat die E-Mail zum Beantworten. Das geht schnell und ist effektiv.

Mit dieser Handhabung sind aber auch Problemfelder verbunden.

Mitunter werden E-Mails „unendlich" weitergeleitet. Dazwischen wird die eine oder andere E-Mail beantwortet. Es entstehen E-Mail-Ketten.

WG:WG:AW:AW: …

Die Teilnehmenden an dieser E-Mail-Korrespondenz verlieren schnell die Übersicht. Der Einzelne muss vielleicht umständlich zurückscrollen, um zu erfahren, worum es eigentlich ging.

Neue E-Mail

Wenn das Thema geändert wird, unterbrechen Sie bitte unbedingt die E-Mail-Kette. Sie beginnen dann mit einem neuen Betreff.

Das Weiterleiten von E-Mails birgt einige Gefahren.

Beispiel E-Mail-Kette
E-Mail 1

Ein Kunde beschwert sich.

E-Mail 2

Ein Sachbearbeiter, der nicht zuständig ist, leitet diese E-Mail mit einem Kommentar weiter an den Zuständigen.

„Dieser Idiot versteht das nie!!!"

Der Zuständige leitet das Ganze an die Rechtsabteilung mit dem Kommentar weiter.

„Bitte mal den juristischen Laien aufklären ;-)."

Die juristische Abteilung schreibt eine sachliche und verständliche Antwort an den Kunden, ohne neu zu beginnen.

Das bedeutet, der Kunde liest alle Kommentare der Beteiligten und schreibt wahrscheinlich die nächste Beschwerde.

Diskretion

Wenn Sie schlussendlich antworten, achten Sie bitte darauf, dass keine Interna weitergegeben werden.

Weiterleiten und Datenschutz

Dazu ist zunächst einmal festzustellen, dass das Bundesverfassungsgericht bereits in seinen Entscheidungen im Band 65 S. 1 ff. das Recht auf die so genannte *„informationelle Selbstbestimmung"* des Einzelnen – also den Schutz personenbezogener Daten – und im Band 67 S. 100 ff. *„die Betriebs- und Geschäftsgeheimnisse"* von Unternehmen, etc. anerkannt hat. Dieser Schutz umfasst bei natürlichen Personen die Person selbst, seine Identifizierung und/oder den auf ihn bezogenen Sachverhalt (z. B. zu schnelles Fahren im Stadtverkehr); während die Unternehmensgeheimnisse zweigeteilt werden in die Betriebsgeheimnisse = vornehmlich technisches Wissen im weitesten Sinne und Geschäftsgeheimnisse = in der Regel kaufmännisches Wissen.

Dieser Schutz wird in unzähligen – einfach-gesetzlichen – Vorschriften wiederholt und vertieft; z. B. in den Datenschutzgesetzen des Bundes und der Länder, den Informationsfreiheitsgesetzen des Bundes und der Länder, den Verwaltungsverfahrensgesetzen des Bundes und der Länder, etc.

 Dies bedeutet nicht etwa den absoluten Schutz von personenbezogenen Daten und/oder von Betriebs- und Geschäftsgeheimnissen! Der Gesetzgeber spricht davon, dass derartige Daten *„nicht unbefugt offenbart werden dürfen"* (vgl. z. B. § 3b VwVfG NRW). Liegt also z. B. eine Einwilligung – ausdrücklich oder konkludent – vor, so kann in der Weitergabe kein *„unbefugtes"* Handeln liegen.

Des Weiteren beachten Sie, in welchem Bereich Sie tätig sind:

- Gelten für Ihren Bereich weitere datenschutzrechtliche Vorgaben; ggf. spezialgesetzliche Vorgaben (wie z. B. im Gesundheits- und/oder Sozial-Bereich)?
- Wenn ja, was ist das Ziel dieser Regelung?
- Wer ist Adressat dieser Vorschrift? Sind Sie bzw. Ihr Bereich davon überhaupt betroffen (vgl. weiter unten: Rechtliche Aspekte der E-Mail; z. B. die DSGVO gilt z. B. nur für den Schutz natürlicher Personen)?
- Wie weit geht der Schutz?

Der Datenschutz wird vielfach als Totschlagsargument benutzt, um ein Tätigwerden abzulehnen. Dies ist nicht überzeugend. Es bedarf immer einer Überprüfung im Einzelfall.

Verteilerkreis von E-Mails

In der papiernen Korrespondenz gab und gibt es in der Regel einen definierten Verteilerkreis. Das bedeutet: Die entsprechenden Kopien wurden/werden gefertigt und über die Hauspost oder über den Postweg zugestellt.

In der E-Mail-Korrespondenz ist alles scheinbar einfach und unkompliziert geworden. – Im Extremfall bekommen alle alles. Das führt unweigerlich zu einer Informationsflut.

Die einzelnen E-Mails werden unter Umständen nicht mehr wahrgenommen. Das Setzen von Prioritäten ist erschwert.

Zunächst ist eine klare Unterscheidung notwendig:

> **Unterteilung der Adressaten**
>
> Wer die E-Mail lesen **muss (= Priorität 1)**, darf nicht unter „cc" aufgeführt werden, sondern muss im Empfängerkreis stehen.
>
> Unter „cc" werden Personen angeschrieben, die die E-Mail zur Information erhalten. Damit Sie über stattfindende Prozesse Bescheid wissen. Diese Personen entscheiden eigenverantwortlich, wann und ob Sie die E-Mail öffnen. (= Priorität 2)

Aus Gründen des Datenschutzes ist heute zu klären, ob der einzelne Empfänger sehen darf, wer noch die E-Mail bekommen hat.

Innerhalb eines Unternehmens darf der Empfängerkreis sichtbar sein. Wenn aber Externe dabei sind, gibt es zwei Möglichkeiten.

Erstens: Falls erforderlich, sichern Sie durch eine Unterschrift bzw. Einverständnis ab, dass die E-Mail an alle Beteiligten unter Nennung aller Beteiligten veröffentlicht werden kann. Es kommt jedoch immer auf den Einzelfall an.

Zweitens: Sie halten den restlichen Empfängerkreis durch die Funktion „bcc" (Blindkopie) verdeckt.

Datenrechtliche Bestimmungen

■ Klären Sie für Ihren Anlass die datenrechtlichen Bestimmungen für das Versenden innerhalb eines Verteilerkreises.

Auf den Punkt gebracht

E-Mail-Korrespondenz rund um das Unternehmen bzw. die Behörde ist **Geschäftskorrespondenz**. Deshalb gelten grundlegende Regeln der DIN 5008 und die aktuelle Rechtschreibung.

Die Sprache in E-Mails verändert sich in Richtung Individualität, Kurzsprache und Emotionalität am Schluss.

Es ist notwendig, für jedes Unternehmen bzw. für jede Behörde individuell den Umgang mit E-Mails zu definieren: Antwortzeiten, Erreichbarkeit, Weiterleiten und Verteilen von E-Mails.

Darüber hinaus klären Sie, ob in dem Bereich, in dem Sie tätig sind, spezielle rechtliche Vorschriften (Datenschutz, Wahrung von Betriebsgeheimnissen) gelten, die das Versenden und Weiterleiten von E-Mails betreffen.

Rechtliche Aspekte der E-Mail

Allgemeine Überlegungen

Grundlegend müssen bei einer Korrespondenz per E-Mail zunächst **drei Bereiche** unterschieden werden:

- Die **rein private (persönliche) E-Mail**

Zum Beispiel: A schreibt seiner Freundin B eine Nachricht.

- Die **rechtsgeschäftliche E-Mail**

Zum Beispiel: C schreibt seinem Rechtsanwalt D, der Verwalter einer Wohnungseigentümergemeinschaft lädt zur nächsten Eigentümerversammlung ein, die Stadt E kauft einen Dienstwagen für den städtischen Fuhrpark, der Kunde F bestellt bei einem Unternehmen einen Bademantel, …

- Die E-Mail im rein **öffentlich-rechtlich geprägten Bereich**

Zum Beispiel: Der Vorsitzende der Gemeindevertretung G lädt zur nächsten ordentlichen Sitzung ein; die Behörde H will an den Bürger einen Bescheid auf elektronischem Weg bekannt geben.

Grundzüge des Rechts

Es ist außerordentlich wichtig, sich darüber im Klaren zu sein, auf welchem Gebiet Sie sich gerade bewegen. Dabei können in den nachfolgenden Ausführungen nur die Grundzüge des rechtlich Zulässigen dargestellt werden.

Übersicht über die bisherige Rechtsprechung – vom Telegramm zur heutigen E-Mail

Ein **Telegramm** (obwohl nicht mit eigener Unterschrift versehen) wird seit der Entscheidung des Reichsgerichts in RGZ 139 S. 45 ff. als rechtswirksame schriftliche Erklärung des Absenders anerkannt.

Ein **Fernschreiben** (obwohl ebenfalls nicht mit eigenhändiger Unterschrift versehen) wird seit der Entscheidung des Bundesgerichtshofs im Jahre 1966 (BGH in NJW 1966 S. 1077 ff.) als rechtswirksame schriftliche Erklärung angesehen.

Ebenso wird ein – mit eigenhändiger Unterschrift versehenes – **Telefax** seit der Entscheidung des Bundesgerichtshofs in NJW 1993 S. 3141 ff. als rechtswirksame schriftliche Erklärung gewertet. Eine Übersendung *„vorab per Telefax"* (wie man es leider noch immer vorfindet) ist damit überflüssig und zudem rechtlich problematisch: Übersenden Sie etwas „vorab per Telefax", so geben Sie bekannt, dass das eigentliche Schreiben noch folgen soll. Dann taucht bei einzuhaltenden Fristen die Frage auf, mit welchem der beiden Schreiben denn nun die Frist eingehalten ist.

Eine **Textdatei mit eingescannter Unterschrift** stellt seit der Entscheidung des Gemeinsamen Senats der Obergerichte in der Bundesrepublik Deutschland im Jahre 2000 (NJW 2000 S. 2340 ff.) ebenfalls eine rechtswirksame schriftliche Erklärung dar.

Diese Rechtsprechung hat das Bundesverwaltungsgericht in seinem Urteil vom 7. Dez. 2016 Az. 6 C 12/15 bestätigt, wenn ein elektronisches Dokument mit einer qualifizierten elektronischen Signatur versehen ist.

Keine schriftliche Erklärung

Eine einfache E-Mail, die also nicht mit einer eigenhändigen Unterschrift versehen ist, wird in der Regel von der bisherigen Rechtsprechung nicht als rechtswirksame schriftliche Erklärung angesehen.

Nach der ständigen obergerichtlichen Rechtsprechung ist weiter davon auszugehen, dass die Bekanntgabe eines E-Mail-Accounts durch eine Privat-Person auf ihrem Briefbogen keine Zugangseröffnung darstellt. Damit gestattet er nach dieser Rechtsprechung nicht die E-Mail-Korrespondenz.

Beispiel
Ein Kunde/Bürger schreibt einen Brief an ein Unternehmen oder an eine Behörde und gibt auf dem Briefbogen seine E-Mail-Adresse bekannt. Damit gestattet er nicht automatisch, dass er über diese Adresse angeschrieben werden darf/will.

Etwas anderes gilt jedoch für **geschäftliche Nutzer** (wie Ärzte, Rechtsanwälte, Stadtwerke, Wohnungsunternehmen, Handwerksbetriebe etc.) und öffentliche Stellen, wenn diese ihre elektronische Adresse auf ihrem Briefkopf angeben (BGH Urteil vom 7. Juli 2016 Az. 1 ZR 30/15).

Beispiel
Ein Arzt schreibt einen Brief an seinen Patienten und gibt auf dem Briefbogen seine E-Mail-Adresse bekannt. Damit gestattet er, dass er über diese Adresse angeschrieben werden darf/will.

„Zugangs"-Eröffnung

Nur im rechtsgeschäftlichen Verkehr liegt nach der bisherigen Rechtsprechung eine „Zugangs"-Eröffnung vor, wenn eine E-Mail-Adresse bekannt gegeben wird.

Entwicklung im gesetzlich geregelten Signatur-Bereich

Das Signaturgesetz in Verbindung mit der Signaturverordnung legte auf Bundesebene die Anforderungen an die elektronischen Signaturen – und damit an die Wirksamkeit elektronischer Kommunikation auch in Form der E-Mail-Korrespondenz – ergänzend fest. Zweck dieses Gesetzes war es, die Rahmenbedingungen für eine elektronische Signatur zu schaffen.

Diese Vorschriften wurden abgelöst durch die EU-Verordnung über elektronische Identifizierung und Vertrauensdienste für elektronische Transaktionen im Binnenmarkt (eIDAS-VO) vom 23. Juli 2017 und das Vertrauensdienstegesetz des Bundes vom 18. Juli 2017 (VDG); in Kraft getreten am 29. Juli 2017

Definitionen
Es wird unterschieden u. a. zwischen

- *„einfachen elektronischen Signaturen= EES": Daten in elektronischer Form, die in anderen elektronischen Dokumenten beigefügt oder mit ihnen verknüpft sind, und zur Authentifizierung dienen;*

- *„fortgeschrittenen elektronischen Signaturen = FES": Daten in elektronischer Form, die über die elektronischen Signaturen hinaus eine Authentifizierung sicherstellen; und*

– *„qualifizierten elektronischen Signaturen = QES": Daten in elektronischer Form, die über die fortgeschrittenen Signaturen hinaus auf einem „gültigen Zertifikat" beruhen und mit einer „sicheren Signaturerstellungseinheit" erzeugt werden.*

Anpassung der Vorschriften/Vorgaben

Beim Umgang mit den signatur-rechtlichen Vorschriften/Vorgaben ist also zu beachten, dass die in Ihrem jeweiligen Bereich ggf. verabschiedeten und anzuwendenden Vorschriften/Vorgaben mit den nun geltenden neuen gesetzlichen Grundlagen u. a. eIDAS und des VDG übereinstimmen müssen; eventuell sind sie anzupassen.

Rein private E-Mail

Bei der rein privaten E-Mail unterliegt der Verfasser/der Empfänger keinen weitergehenden zusätzlich zu beachtenden Vorschriften als im normalen alltäglichen Leben. Selbstverständlich gilt auch bei einer E-Mail, dass das – vertraulich – gesandte „Wort" vertraulich zu behandeln ist.

Auch E-Mails enthalten in der Regel personenbezogene Daten im Sinne des Datenschutzrechts. Darüber hinaus kommt die Wahrung von Betriebs- und Geschäftsgeheimnissen in Betracht. Es gilt somit auch hier das E-Mail-Geheimnis im Sinne des althergebrachten Briefgeheimnisses nach § 202 StGB zu wahren; ebenso wenig darf der Verfasser einer E-Mail den Empfänger beleidigen oder aber zu Straftaten aufrufen, etc.

Weiter ist zu beachten, dass man auch bei der rein privaten E-Mail seine „private Visitenkarte" abgibt. Die in Art. 2 Abs. 1 GG garantierte so genannte *„freie Entfaltung der Persönlichkeit"* unterliegt auch und gerade in der E-Mail-Korrespondenz wegen seiner Schnelllebigkeit den Schranken und Grenzen der allgemeinen Gesetze.

Empfehlung!

Für die E-Mail-Korrespondenz gilt wie für alle Korrespondenz, dass man zunächst denken und dann handeln sollte. Das heißt, bevor Sie auf „Senden" drücken, sollten Sie überlegen, ob Sie den Rahmen der allgemeingültigen Gesetze überschreiten.

Rechtsgeschäftliche E-Mail

Die rechtsgeschäftliche E-Mail (z. B. zwischen Kunden und Unternehmen; Übersendung eines Protokolls über eine Bauabnahme, Reklamation an eine Firma etc.), aber auch die E-Mail im öffentlich-rechtlich geprägten Handlungs-Bereich (z. B. Abmahnung an ein ausführendes Straßenbauunternehmen, Kündigung eines städtischen Musik-Abonnements, etc.) unterliegt zusätzlich besonderen Rahmenbedingungen.

Erstens: Wenn eine Vorschrift erlassen wurde, wonach erkennbar nur *„schriftlich"* (= in Papierform) gehandelt werden darf, so ist es unzulässig, per E-Mail zu handeln.

Zweitens: Darf eine elektronische Bekanntgabe, ausschließlich mit einer *„qualifizierten Signatur"* versehen, abgesandt werden, so genügt eine einfache E-Mail-Signatur nicht.

Empfehlung!

Der Gesetzgeber hat auf Europa-, Bundes-, Landes- und Orts-ebene zahlreiche Vorschriften erlassen. Diese können und müssen Sie nicht alle aufzählen können; aber Sie müssen die-se Vorschriften zumindest im Auge behalten. Einige grundle-gende Vorschriften werden in diesem Buch aufgezeigt.

Privat-rechtliche Grundlagen

Im Folgenden werden einige grundlegende Normen aufge-zeigt.

§§ 126 ff. BGB

Willenserklärungen im zivilrechtlichen Bereich sind grund-sätzlich auch dann wirksam, wenn sie nur mündlich abge-geben werden. Schweigen gilt rechtlich jedoch weiterhin als „nullum". Werden Sie also aufgefordert, unmittelbar auf eine E-Mail zu reagieren, *„ansonsten wird das Einverständnis mit dem Inhalt unterstellt"* – so der Verfasser der E-Mail –, so ist dieses Ansinnen rechtlich weiterhin unerheblich und folglich ist Ihr Schweigen kein Einverständnis.

> *Beispiel Protokoll*
> *Sie erhalten per E-Mail von der letzten Elternversammlung Ihres Kindes ein Protokoll mit folgendem Hinweis: „Wenn Sie innerhalb von 14 Tagen keine Einwendungen haben, gilt das Protokoll als angenommen." Dies ist rechtlich nicht zulässig, außer diese Wirkung ist gesetzlich oder untergesetzlich so geregelt.*

Für den privat-rechtlichen Bereich gilt weiterhin gemäß § 126 Abs. 1 BGB Folgendes:

„Ist durch Gesetz eine schriftliche Form" der Erklärung vorgeschrieben, so kann dies (von Ausnahmen abgesehen) nur dadurch geschehen, dass *„die Urkunde von dem Aussteller eigenhändig durch Namensunterschrift unterzeichnet wird"*; sie darf also nicht nur eine so genannte Paraphe (Namenskürzel) sein.

Schreibt also das Gesetz z. B. in § 568 Abs. 1 BGB vor, dass *„die Kündigung des Mietverhältnisses der Schriftform bedarf"*, so muss die Kündigung – soll diese rechtswirksam sein – schriftlich mit Unterschrift erfolgen. Ebenso muss gemäß § 623 BGB ein Arbeitsvertrag *„schriftlich"* gekündigt werden; dabei ist sogar kraft Gesetzes die *„elektronische Form der Kündigung ausgeschlossen."*

Für die Praxis bedeutet dies, dass viele Verträge nach wie vor am besten mit einem Brief (Schriftform) – eigenhändig unterschrieben – gekündigt werden. So sind Sie auf der sicheren Seite.

Erforderliche Unterschrift

Kommt es auf die „Unterzeichnung" an, so ist eine eigenhändige Unterschrift erforderlich. Diese „Unter"-Schrift muss zudem immer den Abschluss der Erklärung darstellen.

In welcher Situation können Sie per E-Mail rechtswirksam handeln?

Gemäß § 126 Abs. 3 BGB kann diese – vom Gesetz vorgesehene – schriftliche Unterzeichnungs-Form durch eine *„elektronische Form ersetzt werden."* Dies ist jedoch gem. § 126 a Abs. 1 BGB grundsätzlich nur durch *„ein elektronisches Dokument mit einer qualifizierten elektronischen Signatur nach dem Signaturgesetz"* möglich.

Dies gilt gemäß § 127 Abs. 1 BGB auch dann, wenn nur durch *„Rechtsgeschäft"* – also z. B. durch Kaufvertrag – die Schriftform vorgeschrieben ist. Auch hier geht der Gesetzgeber dem Grunde nach davon aus, dass nur eine *„qualifizierte elektronische Signatur"* rechtsverbindlich ist.

Das heißt, schreibt ein Kaufvertrag über ein Kfz die *„Schriftform"* der Kündigung vor, so können Sie dem Grunde nach nur mit einer Unterschrift im klassischen Sinne oder mit einer *„qualifizierten elektronischen Signatur"* diesen Kaufvertrag kündigen; nicht jedoch mit einfacher E-Mail.

Hier ist nun zu beachten, dass der Gesetzgeber eine Erleichterung vornimmt: Gemäß § 127 Abs. 2 BGB genügt bei einer nur durch *„Rechtsgeschäft"* bestimmten *„Schriftform"* die *„telekommunikative Übermittlung"* des Schriftstücks; bei einem Vertrag der *„telekommunikative Briefwechsel."*

Mit dem vorherigen Beispiel: Der Kaufvertrag ist ein *„Rechtsgeschäft"*, so dass es keiner handschriftlichen Kündigung bedürfte also eine einfache E-Mail ausreichend wäre. Dieses Ergebnis steht allerdings unter der Einschränkung, dass erkennbar ist, dass die Beteiligten des Rechtsgeschäfts dies gerade nicht wollten. Wird also in den Allgemeinen Geschäftsbedingungen – somit per *„Rechtsgeschäft"* – eines Autohauses festgelegt, dass eine Kündigung nicht per (einfacher) telekommunikativer Übermittlung erfolgen kann, so genügt eine einfache E-Mail-Kündigung den rechtlichen Erfordernissen somit weiterhin nicht.

Der Gesetzgeber eröffnet eine zusätzliche Variante: Wenn nicht durch *„Gesetz"*, jedoch durch *„Rechtsgeschäft"* die *„elektronische Form"* als verbindlich angesehen wird, so genügt – wenn nicht ein anderer Wille anzunehmen ist – eine andere als die in § 126 a Abs. 1 BGB genannte *„qualifizierte elektronische Signatur"*. Das heißt, eine *„einfache elektronische Signatur"* zur Abgabe von rechtsverbindlichen Erklärungen ist dann ausreichend.

Wird also in einem Kaufvertrag vereinbart, dass eine Kündigung elektronisch möglich ist, und wird aus den Umständen nicht ersichtlich, dass damit nicht die *„qualifizierte elektronische Signatur"* gemeint ist, so reicht eine einfache E-Mail mit einfacher Signatur aus.

Bei der Frage, welche Form ist erforderlich, ist also zu differenzieren, ob die Schriftform vorgegeben ist

- durch Gesetz

  oder

- durch Rechtsgeschäft (z. B. Kaufvertrag).

> **!** Ist die Schriftform durch „Gesetz" vorgegeben, so kann diesem Erfordernis ausschließlich im Wege einer „qualifizierten elektronischen Signatur" Rechnung getragen werden.
>
> Ist nicht durch „Gesetz" die Schriftform vorgegeben, sondern nur durch „Rechtsgeschäft" und wird dabei eine „elektronische Form" ermöglicht. so reicht eine „einfache elektronische Signatur" aus.

> Ist die Schriftform nur „rechtsgeschäftlich" gefordert (ohne weitere Angaben), so reicht „eine (einfache) telekommunikative Übermittlung" aus.

Zu beachten ist jedoch immer der Einzelfall.

Beispiel

So hat das OLG Hamm zur Einladung eines Vereins-Vorsitzenden zur Mitgliederversammlung mit einfacher E-Mail Folgendes festgestellt (Beschluss vom 24. Sept. 2015 Az. 27 W 104/15 – ebenso OLG Hamburg):

§ 58 BGB schreibe nur vor, dass eine Vereins-Satzung vorhanden sein müsse. Der Inhalt der Satzung – vor allem die schriftliche Form einer Einladung – werde jedoch nicht kraft „Gesetzes"(gemeint ist hier das BGB) geregelt, sondern nur durch die Vereins-Satzung werde die schriftliche Einladung vorgeschrieben ; also „rechtsgeschäftlich". Bei einer lediglich durch „Rechtsgeschäft" (hier: Vereins-Satzung) bestimmten Form der Einladung genüge nach § 127 Abs. 2 BGB die einfache „telekommunikative Übermittlung" per E-Mail. Eine „qualifizierte" oder auch nur „einfache elektronische Signatur" sei nicht erforderlich gewesen, um rechtswirksam einzuladen.

Zurzeit besteht daher u. a. für Vereine in aller Regel kein Handlungsbedarf. Ist die Einladung schriftlich nur durch die Satzung vorgegeben, dann reicht – nach dieser Rechtsprechung – eine Ladung mit einfacher E-Mail zur Rechtswirksamkeit aus.

Besondere Anforderungen

Die privat-rechtlich rechtsgeschäftliche Ebene unterliegt den hier – in Grundzügen dargestellten – besonderen Anforderungen der Schriftform oder der „einfachen" oder der „qualifizierten elektronischen Form".

Öffentlich-rechtlich geregelter Bereich

Grundsätzliches/E-Government-Gesetze (EGovGe) des Bundes und der Länder

Das EGovG des Bundes verpflichtet die öffentlichen Stellen, einen Zugang für die Übermittlung elektronischer Dokumente zu schaffen; auch soweit diese Dokumente mit einer *„qualifizierten elektronischen Signatur"* versehen sind (§ 2 Abs. 1 EGovG). Dies wird in gleichem Maße von den Ländern mit den von ihnen erlassenen E-Government-Gesetzen verbindlich vorgeschrieben.

Anders ausgedrückt: Die *„öffentliche Hand"* muss die Voraussetzungen für eine elektronische Kommunikation sicherstellen. Wie bereits angedeutet, der Gesetzgeber hat auf EU-, Bundes- und Landes-Ebene unzählige Rechtsvorschriften erlassen, die die elektronische Kommunikation sicherstellen sollen; auch für und mit dem Bürger (so. z. B. das Online-Zugangsgesetz – OZG –. Dieses soll z. B. gemäß § 1 Abs. 1 OZG sicherstellen, dass bis 2022 Bund, Länder und Gemeinden ihre Verwaltungs-Dienstleistungen auch über Verwaltungsportale anbieten.).

Kontaktaufnahme und Datenschutz

Dabei kann es – schon jetzt – keinem Zweifel unterliegen, dass die öffentlichen Stellen mit dem Bürger auch über E-Mail korrespondieren können, dürfen und müssen.

Dies gilt auch unter Beachtung der auf nationaler Ebene zu beachtenden Datenschutz-Grundverordnung der EU (DSGVO). Zum einen gilt diese DSGVO nicht zugunsten von Betriebs- und Geschäftsgeheimnissen von juristischen Personen, sondern sie enthält ausschließlich Vorschriften zum Schutz personenbezogener Daten von *„natürlichen Personen."*

Dabei müssen personenbezogene Daten (nur) *„u.a. auf rechtmäßige Weise, nach Treu und Glauben und in einer für die betroffene Person nachvollziehbaren Weise verarbeitet werden"*; nicht mehr, nicht weniger.

Die Verarbeitung personenbezogener Daten ist zudem u.a. dann rechtmäßig, *„wenn die betroffene Person ihre Einwilligung … oder in einer sonstigen Handlung zu verstehen gegeben hat, dass sie … einverstanden ist."* Dies kann auch konkludent geschehen. Eine Schriftform ist nach der DSGVO nicht vorgesehen.

Nimmt also der Bürger mit der *„öffentlichen Hand"* per E-Mail Kontakt auf, so kann die öffentliche Stelle, dem Bürger per E-Mail antworten. Der anfragende Bürger hat mit der Angabe seiner E-Mail-Adresse *„eindeutig"* seine Zustimmung erteilt, auf diesem Wege zu antworten. Alles andere wäre lebensfremd.

Weiter kommt für den öffentlichen Bereich hinzu, dass *„die Verarbeitung personenbezogener Daten immer dann rechtmäßig ist, wenn die Verarbeitung für die Wahrnehmung im öffentlichen Interesse liegender Aufgaben erforderlich ist."*

Macht also der Bürger – vorbehaltlich sondergesetzlicher Vorgaben – eine Eingabe oder stellt er eine Anfrage, so kann diese auf diesem Wege erledigt werden; also per E-Mail. Aber auch intern kann per E-Mail korrespondiert werden; immer vorbehaltlich sondergesetzlicher Regelungen; z.B. der Vorsitzende des Personalrats kann sich daher selbstverständlich per E-Mail mit seiner Dienststelle austauschen.

Personenbezogene Daten

Wird also per E-Mail bei der „öffentlichen Hand" angefragt, so ist eine Antwort per E-Mail zulässig. Dies gilt nicht, wenn es sich um die Übermittlung besonderer personenbezogener Daten iSv Art. 9 DSGVO handelt (z.B. Gesundheitsdaten, etc.).

Ob und in welcher Weise die *„öffentliche Hand"* rechtsverbindlich z.B. hoheitlich gegenüber dem Bürger elektronisch handeln darf, ist damit noch nicht entschieden. Die Berechtigung dazu ergibt sich aus den folgenden Vorgaben.

Hoheitliche Verwaltungsverfahren nach den VerwaltungsverfahrensG des Bundes und der Länder (VwVfG)

Im Verwaltungsverfahren ist die Übermittlung elektronischer Dokumente grundsätzlich zulässig, *„soweit der Empfänger hierfür einen Zugang eröffnet hat"*; so regelt es § 3a Abs. 1 aller VwVfGe. Das heißt, der Gesetzgeber erlaubt die E-Mail-Korrespondenz mit dem Bürger.

Dabei kann (Ermessen ≠ muss) eine durch *„Rechtsvorschrift"* angeordnete *„Schriftform"* – soweit nicht spezialgesetzlich wiederum etwas anderes geregelt ist – durch die *„elektronische Form"* ersetzt werden; also ein schriftlicher Verwaltungsakt auch auf elektronischem Weg erlassen werden

> **! Konkludentes Einverständnis**
>
> Wichtig ist also, dass der Empfänger einen „Zugang" eröffnet hat. Über die oben angeführte Rechtsprechung hinaus gehen die Verfasser davon aus, dass in dem Kontakt per Brief oder E-Mail das konkludente Einverständnis zu sehen ist und somit damit der „Zugang" eröffnet wurde.

Zu beachten ist jedoch weiter, dass gemäß § 3 a Abs. 2 S. 2 VwVfG das elektronische Dokument mit einer *„qualifizierten elektronischen Signatur"* versehen sein muss (siehe oben zur Entwicklung im Signatur-Bereich).

Der Schriftform wird auch dadurch Genüge getan, dass der Bürger Erklärungen abgibt, die von ihm unmittelbar in ein elektronisches Formular der Behörde eingegeben werden (*„Verwaltungsportal"*).

Beabsichtigt die Behörde einen Verwaltungsakt (VA) zu erlassen, so kann auch dies in elektronischer Form erfolgen (§ 37 Abs. 2 VwVfG). Wird für einen VA, für den eine *„Rechtsvorschrift"* die *„Schriftform"* vorgesehen bzw. angeordnet hat, die elektronische Form genommen, so muss dieser VA zwingend mit einer *„qualifizierten elektronischen Signatur"* versehen sein.

Dieser elektronische VA gilt gemäß § 41 Abs. 2 S. 2 VwVfG mit dem *„dritten Tag nach Absendung"* als bekannt gegeben. Der Gesetzgeber ermöglicht die Bekanntgabe eines elektronischen VA auch über *„öffentlich zugängliche Netze"* gem. § 41 Abs. 2a VwVfG. Allerdings nur dann, wenn der Adressat des VA *„eingewilligt"* hat und *„sichergestellt ist"*, dass nur der Adressat den VA abrufen kann.

Qualifizierte elektronische Signatur bei wichtigen Dokumenten

Zwar besteht die grundsätzliche Möglichkeit, mit dem Bürger elektronisch zu verkehren. Bei der Bekanntgabe wichtiger Dokumente, für die der Gesetzgeber die „Schriftform" vorgegeben hat, ist jedoch die „qualifizierte elektronische Signatur" erforderlich. Dies gilt insbesondere beim Erlass eines VA.

Sonstiges öffentlich-rechtliches Handeln

Bei dem öffentlich-rechtlichen Handeln öffentlicher Stellen außerhalb eines Verwaltungsverfahrens gelten die bereits genannten Grundsätze. Das heißt, diese E-Mail-Korrespondenz unterliegt nicht den Vorschriften der VwVfGe, jedoch den oben aufgezeigten allgemeinen Grundsätzen.

Empfehlung!

Wichtig ist zunächst einmal, zu erkennen, auf welchem Rechts-Gebiet Sie sich bewegen und welche rechtlichen Grundlagen dafür erlassen sind (Aktiengesetz, Bürgerliches

Gesetzbuch, Gemeindeordnung, Geschäftsordnung, Genossenschaftsgesetz, Hauptsatzung, Hochschulgesetz, Satzungen vor Ort, Studierenwerksgesetz, Wohnungseigentumsgesetz, etc.).

Zulässigkeit der E-Mail-Korrespondenz

Für weite Bereiche wird man feststellen müssen, dass eine (einfache) E-Mail-Korrespondenz möglich und zulässig ist.

Könnte der E-Mail jedoch eine besondere rechtliche Bedeutung zukommen, so sind ggf. die speziellen Vorschiften zu beachten. Lädt also der Vorsitzende einer Gemeindevertretung zur nächsten ordentlichen Sitzung der Gemeindevertretung ein, so regeln die Kommunalverfassungen/Hauptsatzungen/Geschäftsordnungen in der Regel, dass nur *„schriftlich"* eingeladen werden kann.

Damit meint(e) der Gesetz-/Hauptsatzungs-/Geschäftsordnungsgeber tradiert immer die so genannte Papier-Form. Ist z. B. ein Protokoll *„schriftlich"* zu verfassen und zur nächsten ordentlichen Sitzung vorzulegen, so müssen Sie auch heute noch davon ausgehen, dass die Papier-Form erforderlich ist (vgl. Beckmann/Walter, Prokollführung – juristisch und sprachlich korrekt, S. 31 ff.).

Etwas anderes gilt jedoch dann, wenn der Gesetz-/Hauptsatzungs-/Geschäftsordnungs-Geber die *„elektronische Form"* der *„Schriftfom"* gleichsetzt (vgl. z. B. § 1 Abs. 3 Geschäftsordnung der Bürgerschaft der Universitäts- und Hansestadt Greifswald: *„Die Ladung erfolgt unter Mitteilung der Tagesordnung elektronisch."*; ebenso § 59 Abs. 1 S. 1 Kommunalverfassung Niedersachsen: grundsätzlich *„schriftlich"* *einzuladen*, es sei denn, die Geschäftsordnung erlaubt auch eine *„elektronische Einladung"*).

Etwas anders gilt selbstverständlich dann, wenn ausdrücklich die *„elektronische Form"* verboten ist (so z. B. bei einem Einwohnerantrag bzw. beim Bürgerbegehren nach § 31 Abs. 2 und § 32 Abs. 5 Kommunalverfassung Niedersachsen: Ein Begehren ist *„… in schriftlicher Form einzureichen. Die elektronische Form ist unzulässig."*).

Wenn ein Gesetz/eine Rechtsvorschrift wie z. B. die Kommunalverfassungen der Länder die *„Schriftform"* für die Einladung vorschreiben, diese *„Schriftform"* nun durch die *„elektronische Form"* ersetzt werden kann, so taucht die Frage auf, welche Unterschrifts-Qualität diese Einladung haben muss (die Städte Bochum/Essen regeln dies in der Form, dass die Einladung über das sog. Ratsinformationssystem erfolgt – vgl. z. B. § 1 Abs. 3 Geschäftsordnung des Rates der Stadt Bochum: *„per E-Mail"*).

Empfehlung!

Wenn ein *„Gesetz"* die *„schriftliche"* Einladung vorschreibt, diese *„Schriftform"* kraft Gesetzes nun durch die *„elektronische Form"* ersetzt bzw. gleichgestellt werden kann, so muss nach Ansicht der Verfasser – in Anwendung des § 3 a Abs. 2 VwVfG bzw. § 126 a Abs. 1 BGB – eine *„qualifizierte elektronische Signatur"* die Einladung abschließen; das heißt:

- mit einer Unterschrift des Signierenden (1.),
- einer Identitätsfeststellung = Absender-Zuordnung (2.)
  und

- einer Sicherung übersandter Dokumente, dass diese nur vom berechtigten Empfänger geöffnet werden können (3.)

versehen sein.

Auf den Punkt gebracht

Bei einer rechtsgeschäftlichen E-Mail ist die darin liegende andere Bedeutung zunächst einmal zu erkennen (z. B. Kündigung) und sind die aufgezeigten allgemeinen Grundsätze der §§ 126 ff. BGB zu beachten sowie ggf. die weiteren sondergesetzlichen Vorschriften.

Darüber hinaus ist immer auf den Einzelfall abzustellen; vor allem auf die in diesem Einzelfall eventuell geltenden Geschäftsbedingungen (z. B. des Fitness-Studios). Erst dann kann beurteilt werden, ob per E-Mail rechtsverbindlich gehandelt werden durfte, beispielsweise dem Fitness-Studio gekündigt werden konnte).

Für die öffentliche Verwaltung gelten darüber hinaus weitere speziell für diesen Bereich erlassene Vorschriften. Dies gilt sowohl im Verhältnis Bürger zur öffentlichen Verwaltung als auch im Verhältnis öffentliche Verwaltung zum Bürger. Der Widerspruch gegen einen VA kann kraft Gesetzes nur *„schriftlich"* eingelegt werden. Eine einfache E-Mail reicht daher nicht aus. Will die Behörde über einen formgerecht eingelegten Widerspruch nun mit einem Widerspruchs-Bescheid antworten, so muss sie wiederum dies kraft Gesetzes *„schriftlich"* tun; das heißt, wählt sie den elektronischen Weg, so muss dieser Widerspruchs-Bescheid u. a. mit einer *„qualifizierten elektronischen Signatur"* versehen sein.

Knotenpunkte der E-Mail

Betreffzeilen

Betreffzeilen formulieren

Die Betreffzeile einer E-Mail entscheidet über Lesen oder Nicht-Lesen. Viel stärker als beim herkömmlichen Brief hat der Textbeginn eine Orientierungsfunktion. Der papierne Brief wird mit großer Wahrscheinlichkeit zumindest einmal „überflogen" – wenn er denn geöffnet wurde.

Orientierungspunkt

Der Betreff ist der entscheidende Orientierungspunkt für die Lesenden.

Bei einer E-Mail können die Lesenden anhand der Betreffzeile gleich auf „Löschen" gehen. Deshalb beachten Sie bitte Folgendes:

- Legen Sie Ihr Anliegen an den Leser präzise und bestimmt genug dar.
- Kein Betreff bedeutet keine Orientierung.
- Bei der E-Mail steht das Wort „Betreff" als Einleitung für die entsprechende Zeile.
- Mit der Betreffzeile setzen Sie für den Leser der E-Mail den entscheidenden Orientierungspunkt.
  - Worum geht es?

- Wie wichtig ist das Ganze?
- In welcher Form ist der Lesende betroffen? (Handeln oder nur zur Information)

Anhand dieser Angaben kann der Empfänger der E-Mail sein Leseverhalten steuern. Sie als Schreibender können es mit präzisen Angaben entsprechend beeinflussen.

Stichwörter als Betreff

In der Betreffzeile stehen in der Regel sachliche Stichwörter, die einen fachlichen Hintergrund haben.

Beispiele
Angebot

Anfrage

Rechnung

Zahlungserinnerung

Kündigungsbestätigung

Diese fachlichen Stichwörter bekommen oft eine Zuordnung.

Beispiele
Wohnungsangebot – Ihre Anfrage aus unserem Ticketsystem

Anfrage zur Verwendung von …

Rechnung (Re.-Nr. 1234567)

Zahlungserinnerung – unsere Lieferung vom …

Kündigungsbestätigung – Ihre Information vom …

In einer Betreffzeile können darüber hinaus Stichwörter stehen, die keinen fachlichen Hintergrund haben, aber allgemein bekannt sind.

Beispiele
Information

Einladung

Prüfergebnisse

Bauvorhaben

Kaufvertrag

Um eine präzise Zuordnung vorzunehmen, ist auch hier in den meisten Fällen eine Konkretisierung angebracht:

Beispiele
Information über Messebesuch

Einladung zur Pressekonferenz

Prüfergebnisse: Bauteil XY

Bauvorhaben 22/14x

Kaufvertrag Vertrags-Nr. 1234567

In den genannten Beispielen unterscheidet sich die E-Mail-Korrespondenz zunächst nicht von der herkömmlichen Korrespondenz. Da der Betreff in der E-Mail aber der zentrale Zugang zum eigentlichen Text ist, sollten Sie bei allgemeinen Stichwörtern für den Lesenden weitere Handlungsorientierungen geben.

Welche sprachlichen Möglichkeiten haben Sie, um Handlungsorientierungen darzustellen?

Zur Information (Zur Info)

Das bedeutet für den Lesenden: keine Priorität 1. Er kann die E-Mail bei Gelegenheit lesen. Es wird in diesem Zusammenhang auch die englische Abkürzung „fyi" (for your information) verwendet – je nach Unternehmenskontext.

Bitte um Prüfung, Bearbeiten, Feedback, …

Das bedeutet für den Lesenden Priorität 1. Es geht um eine Handlungsaufforderung. Mit dem Zauberwort „Bitte" schaffen Sie bereits eine positive Atmosphäre.

Wichtig, Dringend, Achtung!

Mit diesen Formulierungen bzw. Zeichen vermitteln Sie Nachdruck zum Lesen der E-Mail.

Aber: Missbrauchen Sie diese Mittel nicht. Bei inflationärem Gebrauch verlieren diese ihre Wirksamkeit. Wenn Sie jede E-Mail mit „Wichtig" kennzeichnen, nimmt Ihnen das irgendwann niemand mehr ab.

> *Beispiele*
> *Prüfergebnisse. Bauteil XY – zur Info*
>
> *Bauvorhaben 22/14 – Bitte um Bodengutachten*
>
> *Kaufvertrag Vertragsnr. 1234567 – Bitte um juristische Prüfung. Dringend!*

Ausgestaltung der Betreffzeile

Ergänzen Sie die Betreffzeilen der E-Mail dort, wo es angebracht ist, mit Handlungsorientierungen. Sie erleichtern den Lesenden das Setzen von Prioritäten und Sie können das Leseverhalten der Empfänger beeinflussen.

Die Satzzeichen Doppelpunkt oder Gedankenstrich können dazu dienen, dass die Handlungsorientierung optisch überzeugend abgegrenzt wird.

Beispiel
Termin Telefonkonferenz – Bitte um Terminverschiebung

Ausarbeitung Messepräsentation: Bitte um Hilfe

Beachten Sie bitte: Betreffzeilen sollten in der E-Mail-Korrespondenz keine Rätsel für die Lesenden darstellen.

Im papiernen Brief ist der Betreff mitunter originell formuliert. Man erfährt dann im Text, um was es wirklich geht. Das heißt, die Betreffzeile im Brief ist bei bestimmten Anlässen sprachlich originell, um die Lesenden neugierig zu machen und zum Weiterlesen zu animieren.

In der E-Mail-Korrespondenz können originelle Betreff-Formulierungen dazu führen, dass die E-Mail durch den Spam-Filter aussortiert wird. Aber auch die Lesenden können irritiert sein und wohlmöglich die E-Mail nicht ernst nehmen. Das bedeutet in der Regel: Die E-Mail wird nicht geöffnet.

Betreffzeilen übernehmen?

Beim Beantworten einer E-Mail geht der Empfänger gewöhnlich auf „Antworten". Das ist im Korrespondenzalltag einfach und bequem. Es muss kein eigener Betreff entwickelt werden. Darüber hinaus erwartet der andere eine Antwort, die durch die Übernahme seiner Betreffzeile zum Einordnen in seine Prioritätenliste führt.

Eine Betreffzeile der anderen Seite können Sie jedoch auch ergänzen. Auch in diesem Fall kann der Gedankenstrich als optisches Zeichen genutzt werden, um ursprünglichen Betreff und Betreff-Ergänzung voneinander abzutrennen.

> *Beispiel*
> *AW: Anfrage – Unser Wohnungsangebot*
> *AW: Einladung zur Veranstaltung XY – Zusage*

Sie geben damit der Betreffzeile zusätzlich Ihre eigene Ausrichtung.

Des Weiteren können Sie die Betreffzeile durch positive Signale ergänzen und damit die Beziehungsebene stärken.

> *Beispiel*
> *AW: Zwischenstand XY – Danke für die schnelle Antwort*
> *AW: Terminverschiebung – Danke für das Entgegenkommen*

Achtung Stolperstelle! Wenn Sie im Service-Bereich arbeiten, bekommen Sie nicht immer freundliche E-Mails. Da gibt es die eine oder andere Beleidigung und Provokation. Das geschieht mitunter bereits in den Betreffzeilen.

Keine gedankenlose Übernahme

Übernehmen Sie bitte keine Provokationen oder Beleidigungen. Sie haben immer das Recht, solche Zeilen zu löschen und Ihren Betreff dagegenzusetzen.

Übernehmen Sie bitte auch keine Rechtschreibfehler oder stilistischen Unsinn.

Beispiele
Betreff: Schlampige Bearbeitung

Betreff: Fälschung meiner Daten

Betreff: Mangelnder Service

Beispiele nach dem Beantworten
AW: Wir bitten um Entschuldigung

AW: Ihre Anfrage

AW: Ihre Meinung zum Service

Auf den Punkt gebracht

Priorisierung durch klare Formulierungen

Die Betreff-Formulierungen spielen in der E-Mail-Korrespondenz eine entscheidende Rolle für den Beginn des Leseprozess.

Sie können mit klaren Formulierungen und Handlungsorientierungen ein Priorisieren beim Empfänger unterstützen oder überhaupt erst ermöglichen.

Beachten Sie beim Antworten, dass Sie nur sachliche Betreffzeilen übernehmen.

Empfängerorientierte Anredeformen

Wenn der Leseprozess nach dem Öffnen der E-Mail beginnt, entscheidet die Anrede vielfach über die Stimmung. Mit Anredeformen kann man auch gehörig danebenliegen und der Leseprozess startet, wenn überhaupt, unter negativem Vorzeichen.

Da der papierne Brief ein Auslaufmodell ist, sind auch die entsprechenden Anredeformen auf dem Rückzug. Das bedeutet nicht, dass es ab einem bestimmten Stichtag „Sehr geehrte" nicht mehr gibt, insbesondere für den öffentlich-rechtlich geregelten Verwaltungsbereich. Wir leben in einer Übergangszeit.

Begrüßung und Anrede

Eine wesentliche Erweiterung der Anrede ist die Begrüßung davor. Es ist wahrscheinlich eine Entwicklung, die darauf zurückzuführen ist, dass die E-Mail mit der mündlichen Kommunikation auf vielfältige Art und Weise verknüpft ist. Jemand ruft an. Danach schreibt man „wie vereinbart" eine E-Mail oder umgekehrt. Mitunter ersetzt eine E-Mail ein Gespräch – was nicht in jedem Fall sinnvoll ist. Aus dem Zusammenhang mündliche und schriftliche Kommunikation ergibt sich eine Zweiteilung:

Begrüßung	Anrede
Guten Tag,	sehr geehrte Frau …,
Guten Morgen,	liebe Frau …,
Hallo,	Frau …,
Hallo	Manfred,

Kommasetzung

Zwischen der Begrüßung und der Anrede steht ein Komma. (Duden Band 9, Seite 186) Es handelt sich um zwei verschiedene Aspekte. Wenn nur der Vorname als Anrede steht, kann das Komma entfallen.

Die Entwicklung weiterer Formen und Varianten ist hier natürlich möglich. Wir leben in einer Übergangszeit. Allerdings ist die Wahl der Formen abhängig von bestimmten Faktoren.

Qualität der Beziehungen zum Empfänger

Das ist der wichtigste Faktor bei der Entscheidung für oder gegen eine bestimmte Begrüßung bzw. Anrede. Grundsätzlich geht es in der E-Mail weniger förmlich zu. Dabei gibt es Abstufungen, die eine gewisse Entwicklung der Kommunikationsbeziehungen markieren – von offiziell-distanziert bis vertraut.

Sehr geehrte Frau Muster,

Guten Tag, sehr geehrte Frau Muster,

Guten Tag, Frau Muster,

Hallo, Frau Muster,

Hallo Beate,

Guten Tag, liebe Frau Muster,

Liebe Frau Muster,

Liebe Beate,

…

Die E-Mail-Korrespondenz erfordert viel mehr Individualität und damit Empfängerorientierung. Das bedeutet für die Schreibenden, dass sie sich die Beziehungsqualität bewusst machen.

a) Wenn Sie eine E-Mail bekommen mit einer Anrede „sehr geehrte" oder „verehrte" oder „werte", dann antworten Sie am besten mit „Sehr geehrte Frau Muster," – ohne Begrüßung davor.

b) Wenn Sie eine E-Mail bekommen mit „Guten Morgen", „Guten Tag", „Hallo" o. Ä., dann antworten Sie am besten auf dieser Wellenlänge. Da heißt, Sie setzen auch eine adäquate Begrüßung davor.

Neben der Beziehungsqualität und dem Empfänger spielen weitere Faktoren bei der Wahl der Anredeform eine Rolle:

- In welcher Branche arbeiten Sie? Was ist hier Tradition? Welche Entwicklungen gibt es?

- Wer schreibt Ihnen? Welche Traditionen herrschen in diesem Unternehmen?

- Zu welchem Anlass schreiben Sie? Geht es um Alltagskorrespondenz oder um besondere Anlässe (Glückwünsche, Einladungen, …).

- Geht es um Kommunikation im Unternehmen bzw. innerhalb der Behörde?

- Schreiben Sie an Kunden oder Bürger in einer Beschwerdesituation?

- Schreiben Sie als Teil der öffentlichen Verwaltung an Bürger?

Übung

Wie (mit welcher Anrede) würden Sie auf folgende E-Mails antworten?

1. Ein Kunde möchte eine Auskunft in einem Unternehmen. Er gibt aber keinen Namen an: Er schreibt:

„Sehr geehrtes Wohnungsteam,"

2. Ein Kunde Ihres Unternehmens hat ein Anliegen zu seiner Bestellung: Er schreibt:

„Werte Frau Schneider,"

3. Ein Kunde Ihres Unternehmens schreibt eine Beschwerde und fordert von Ihnen eine kulante Entscheidung. Er schreibt:

„Liebe Frau Schmidt,"

4. Ein Kunde schreibt an seine Bank, um einen Kredit zu erhalten. Er schreibt:

„Guten Tag, sehr geehrtes Sparkassenteam,"

5. Ein Geschäftspartner schreibt nach einigen Jahren der guten Zusammenarbeit zum ersten Mal: „Guten Tag, lieber Herr Schrader",

Lösungen

1. Ein Kunde möchte eine Auskunft in einem Unternehmen. Er gibt aber keinen Namen an: Er schreibt:

„Sehr geehrtes Wohnungsteam,"

Antwort: Guten Tag,

Sie wünschen …

Kommentar: Wen jemand keinen Namen oder einen unbestimmten Namen (männlich oder weiblich) angibt, antworten Sie am besten nur mit einer Begrüßung.

2. *Ein Kunde Ihres Unternehmens hat ein Anliegen zu seiner Bestellung: Er schreibt:*

„Werte Frau Schneider,"

Antwort: Sehr geehrte Frau Schmidt,…

Kommentar. Wenn jemand eine konservative Anredeform wählt, dann antworten Sie auch standardmäßig konservativ.

3. *Ein Kunde Ihres Unternehmens schreibt eine Beschwerde und fordert von Ihnen eine kulante Entscheidung. Er schreibt:*

„Liebe Frau Schmidt,"

Antwort: Guten Tag, Frau Richter,…

Kommentar: Wenn jemand eine Freundlichkeit vorspielt, um ein besseres Ergebnis zu erzielen, dann antworten Sie mit einer zeitgemäßen Variante, ohne auf die „Annäherungsversuche" einzugehen.

4. *Ein Kunde schreibt an seine Bank, um einen Kredit zu erhalten. Er schreibt:*

„Guten Tag, sehr geehrtes Sparkassenteam,"

Antwort: Guten Tag, sehr geehrter Herr Müller,…

Kommentar: Erwidern Sie einen freundlichen Ton in der Anrede auf der gleichen Wellenlänge, auch wenn das für Ihre Branche eher (noch) unüblich ist.

5. *Ein Geschäftspartner schreibt nach einigen Jahren der guten Zusammenarbeit zum ersten Mal: „Guten Tag, lieber Herr Schrader",*

Antwort: Hallo , lieber Herr Mayer,…

Kommentar: Die Qualität der Beziehung kann sich verändern. Wenn eine Vertrautheit in der Geschäftsbeziehung entsteht, sollte sich das auch in der Anrede wiederspiegeln.

Gendergerechte Anrede?

Mit seiner Entscheidung vom 10. Okt. 2017 Az. 1 BvR 16/2019 hat das BVerfG entschieden, dass das Personenstandsgesetz insoweit verfassungswidrig ist, als neben dem *„männlichen"* und *„weiblichen"* Geschlecht keine dritte Möglichkeit besteht, ein Geschlecht positiv einzutragen. Dem ist der Bundesgesetzgeber mit der Änderung des Personenstandsgesetzes mit Wirkung vom 1. Jan. 2019 gefolgt. Nun kann in das Personenstandsregister auch *„diverses"* eingetragen werden.

Nicht mehr, nicht weniger hat das BVerfG entschieden. An keiner Stelle wird gesetzlich und/oder untergesetzlich oder gar vom BVerfG vorgeschrieben, wie z. B. eine Stelle auszuschreiben, jemand anzureden ist, etc. . An dieser Stelle wird auch daran erinnert, dass das so genannte *„generische Maskulinum"* ein Nomen ist, das sich auf eine Person mit unbekanntem Geschlecht bezieht (siehe Wikipedia *„generisches Maskulinum"*). Es wird daher empfohlen, in der E-Mail-Korrespondenz – wie bisher üblich – die männliche oder weibliche Form zu verwenden; – zumal es keine spezielle diverse Anrede gibt.

An dieser Stelle ist aber die Frage erlaubt, ob die Angabe des Geschlechts für die Geschäftsbeziehung überhaupt notwendig ist?

Geschlechtsneutrale Anreden sind:

Guten Tag, Andrea Muster,

Hallo, Sabine Muster,

Guten Morgen, Manfred Muster,

Hallo Dennis,

Mit der Nennung des Vornamens und des Nachnamens identifizieren Sie eine Person eindeutig. Eine Geschlechtsangabe ist nicht notwendig.

Beachten Sie bitte: Die genannten Beispiel entsprechen nicht der DIN 5008. Aber, vielleicht ist das die Zukunft des Schreibens …

Anrede von mehreren Personen

Aus der papiernen Korrespondenz kennen Sie die Anrede „Sehr geehrte Damen und Herren". In der E-Mail-Korrespondenz ist diese Form nicht falsch, hinterlässt aber einen sehr förmlichen Eindruck. Im Folgenden finden Sie Beispiele, die weniger förmlich klingen.

> *Beispiel*
> *Guten Tag, sehr geehrte Damen und Herren,*
>
> *Liebe Kolleginnen und Kollegen*
>
> *Guten Tag, liebe Mitarbeiterinnen und Mitarbeiter,*
>
> *Liebe Studierende,*
>
> *Liebe Teilnehmende,*
>
> *Guten Tag zusammen,*
>
> *Hallo zusammen,*
>
> *…*

Eine erste „Auflockerung" schaffen Sie, wenn vor die förmliche Anrede eine Begrüßung gesetzt wird „Guten Tag, …").

Darüber hinaus ist es in verschiedenen Branchen üblich, die Anrede mit „Liebe …" weniger förmlich zu gestalten. Dabei ist auch eine Begrüßung davor möglich (Guten Tag, liebe …).

Aufgrund der Gender-Problematik (weibliches, diverses und männliches Geschlecht) ist man dazu übergangen, substantivierte Partizipien zu verwenden – zumindest dort, wo es sprachlich möglich ist: „Liebe Studierende,". Damit sind alle Personen gemeint – unabhängig von Ihrem Geschlecht.

Zurzeit kommt es bei anderen Anredeformen zur Bildung mit einem Gendersternchen:

Liebe Bürger*innen,

Liebe Kolleg*innen,

Diese Formen sind orthografisch nicht zulässig, da ein Sternchen nicht gesprochen wird. Es bleibt spannend, welche sprachlichen Formen entwickelt werden und sich durchsetzen.

Eine Lösung für alle Geschlechter!

Mit der neuen Form „Guten Tag zusammen," lösen Sie die Gender-Problematik. Es sind alle gemeint – egal, welches Geschlecht. Sie können auch hierarchieübergreifend sowohl Vorgesetzte als auch Mitarbeitende auf gleicher Stufe ansprechen.

„zusammen"

Das Wort „zusammen" stellt keine direkte Anrede dar und wird deshalb kleingeschrieben. Es steht davor kein Komma.

> *Weitere Beispiele*
> *Hallo zusammen,*
>
> *Guten Tag, alle miteinander,*
>
> *Hallo, ihr beiden,*
>
> *Guten Tag, ihr Lieben,*
>
> *…*

Achtung: Die direkte Übernahme aus dem Englischem „Liebe alle," ergibt im Deutschen keinen Sinn und ist zu vermeiden.

Beachten Sie bitte weiterhin, dass Pronomen, wie z. B. „beide" bzw. „alle" keine Anredepronomen darstellen und deshalb kleingeschrieben bleiben. Die Form „ihr" kann nach der neuen Rechtschreibung klein- oder großgeschrieben werden. Beachten Sie dabei evtl. Festlegungen in Ihrem Unternehmen.

Etikette-Regeln in Anredeformen

Akademische Zusätze

Der Professor- und der Doktortitel gehören zum Namen. Diese sollten Sie nicht weglassen – außer, es ist etwas anderes in einer Gruppe vereinbart.

> *Beispiele*
> *Sehr geehrter Herr Professor Muster,*
>
> *(Man schreibt nur den höheren Titel. Der Doktor kann entfallen. Das Wort Professor bitte ausschreiben)*
>
> *Guten Tag, Frau Dr. Muster,*

Empfehlung!

Selbstverständlich gibt es weitere nichtakademische Namenszusätze. Am besten, Sie verwenden die Formen, die der andere Ihnen mitgeteilt hat. Sie scheinen für ihn wichtig zu sein.

Beispiel
Guten Tag, sehr geehrter Herr Rechtsanwalt Muster,

Reihenfolge der Namen

Wenn Sie an Privatpersonen schreiben, wird zuerst die Frau angeschrieben.

Beispiel
Guten Tag, Frau Muster,
guten Tag, Herr Muster,

Wenn Sie an Unternehmen oder Verwaltungen schreiben, entscheidet die Rangfolge.

Beispiel
Guten Morgen, Herr Lehmann, (= Geschäftsführer)
guten Morgen, Frau Schmidt, (= Prokuristin)

Etikette-Regeln
Sie halten sich auch in der E-Mail-Korrespondenz an die üblichen Etikette-Regeln.

Auf den Punkt gebracht

Die Anrede

Die Anredeformen entscheiden nach dem Öffnen der E-Mail über die kommunikative Stimmung.

Sie halten die grundsätzlichen Etikette-Regeln und die für Ihren jeweiligen Bereich geltenden Vorgaben ein. Sie nutzen andererseits weniger förmliche Anreden, um die Qualität der Geschäftsbeziehung darzustellen.

Weniger Förmlichkeit erreichen Sie, indem Sie vor die Anredeformen eine Begrüßung stellen. Beachten Sie dabei orthografische Regeln.

Mit der E-Mail-Korrespondenz entsteht durch die Begrüßung und die Anrede eine viel größere Individualität und damit mehr Empfängerorientierung.

Der Textanfang

Womit Sie den Text einer E-Mail beginnen, hängt mit dem Schreibanlass zusammen. Generell zeichnet sich eine Tendenz ab, schneller als im papiernen Brief zum Punkt zu kommen und keinen langen Vorspann zu formulieren. Folgende Formulierungen vermeiden Sie:

Beispiele

Wir möchten Ihnen mitteilen, dass …

Wir freuen uns, Ihnen mitzuteilen, dass …

Wie Sie sicher wissen, …

Schreibanlass: Anknüpfung an ein Gespräch

Die E-Mail Korrespondenz ist in vielen Fällen die Fortsetzung eines Gespräches oder der Ausklang eines Gespräches in schriftlicher Form. Folgende Formulierungen bieten sich an:

> *Beispiele*
> *Wie gerade telefonisch besprochen, sende ich Ihnen …*
>
> *Wie gestern vereinbart, erhalten Sie folgende Infos:*
>
> *Wie gewünscht, erhalten Sie das ausführliche Gutachten.*
>
> *Vielen Dank für das gestrige Telefonat.*
>
> *Danke für das informative Gespräch in der letzten Woche.*

Schreibanlass: Prozess läuft

Im Arbeitsalltag werden viele E-Mails versendet, um Prozesse/Projekte zu begleiten. Gerade hier ist es wichtig, schnell auf den Punkt zu kommen. Formulierungen sind beispielsweise:

> *Beispiele*
> *Die von Ihnen genannten Daten habe ich geprüft. Im weiteren Verlauf …*
>
> *Das Angebot habe ich gestern an den Kunden geschickt. Jetzt sollten wir …*
>
> *Manfred hat die Präsentation sehr gut vorbereitet. Als weiteren Punkt …*
>
> *Wie vereinbart, habe ich die Dokumentation ergänzt.*

Schreibanlass: Achtung

Wenn Sie eine wichtige Botschaft zu vermitteln haben, dann sollten Sie in der E-Mail ohne Umschweife schnell zur Sache kommen. In diesen Fällen erwartet der andere überhaupt keine „Vorreden" von Ihnen. Sie klären bereits im ersten Satz auf, worum es geht.

> *Beispiele*
> *Beachten Sie bitte: Ab 01.02.2019 gilt die neue Richtlinie.*
>
> *Die Stromversorgung wird am 24.06.2019 unterbrochen. Das hat folgende Auswirkungen: …*
>
> *Ab sofort kann am Freitag kein Firmenfahrzeug mehr ausgeliehen werden.*
>
> *Herr Max Muster arbeitet ab 22. September 2019 als neuer Verkaufsleiter.*
>
> *Ab 01.01.2019 gibt es für den Standort XY eine neue Telefonnummer.*

Wenn Sie eine Zeit oder den Sachverhalt an sich in den Mittelpunkt rücken wollen, dann können Sie durch den Satzbau ein Priorisieren ausdrücken.

> *Beispiele*
> *Beachten Sie bitte: Ab 01.02.2019 gilt die neue Richtlinie. –* **Kommentar***: Der Empfänger steht im Mittelpunkt, er muss etwas beachten.*
>
> *Ab 01.02.2019 gilt die neue Richtlinie. Diese ist von Ihnen zu beachten. –* **Kommentar:** *Der Zeitpunkt steht im Mittelpunkt.*

> *Die neue Richtlinie gilt ab 01.02.2019. Diese ist von Ihnen zu beachten. – **Kommentar:** Die **neue** Richtlinie steht im Mittelpunkt.*

Schreibanlass: Antwort in Konfliktsituationen

Wenn es um Beschwerden, Widersprüche, Reklamationen geht, ist ein emotionaler Textbeginn angebracht. Der andere ist über irgendetwas verärgert. Es geht zunächst nicht darum, die Frage zu klären, wer Recht hat.

Wenn der andere emotional gestimmt ist, holen Sie ihn am besten in dieser Stimmung ab. In der E-Mail-Korrespondenz spielt ein emotionaler Textbeginn eine viel größere Rolle als im papiernen Brief.

Früher galt eine Antwortzeit von 14 Tagen als legitim. Die Wahrscheinlichkeit, dass der andere sich in dieser Zeit wieder beruhigt hatte, war ziemlich groß. In der E-Mail-Korrespondenz sind die Antwortzeiten viel kürzer. Das bedeutet, der andere ist wahrscheinlich noch sehr verärgert und Sie stoßen mit Ihrer Antwort in ein „Wespennest".

> *„Verbale Streicheleinheiten" am Beginn der E-Mail sind:*
> *Ich bedaure, dass Sie mit unseren Leistungen nicht zufrieden sind.*
>
> *Ihre Verärgerung über XY kann ich nachvollziehen/verstehen.*
>
> *Bitte entschuldigen Sie die Verzögerungen bei …*

Beachten Sie bitte, dass diese verbalen Streicheleinheiten unterschiedliche Empathie-Stufen darstellen:

Stufe 1 Bedauern

Stufe 2 Hineinversetzen in den anderen: Nachvollziehen

Stufe 3 Entschuldigen (evtl. juristisches Schuldeingeständnis)

Deeskalation durch Einfühlungsvermögen

Da die Antwortzeiten sich verkürzt haben, ist in konflikthaltigen Situationen ein emotionaler Beginn angebracht.

Mit verbalen Streicheleinheiten holen Sie den Empfänger in seiner emotionalen Situation ab. Echtes Einfühlungsvermögen kann ein sehr wirkungsvoller Textbeginn sein, weil Sie die Situation beruhigen.

Diese emotionalen Formulierungen sollten glaubwürdig und nicht übertrieben sein. Wenn es nichts zu verstehen gibt, beginnen Sie den Text sachlich mit dem Verb „prüfen".

Beispiele
Ihre Reklamation habe ich mit folgendem Ergebnis geprüft.

Die Prüfung Ihres Anliegens ergab Folgendes: …

In vielen Situationen können Sie eine Beschwerde auch positiv sehen. Der Kunde gibt dem Unternehmen eine Chance, sich zu verbessern.

Beispiele

Danke für Ihre hilfreiche Kritik.

Vielen Dank für den kritischen Hinweis.

Herzlichen Dank für Ihre ehrliche Einschätzung.

Sarkasmus vermeiden

Das Bedanken darf **in keinem Fall** sarkastisch wirken.

Schreibanlass: Versenden von Anhängen

Die E-Mail ist heute im Schreiballtag oft ein Begleitschreiben geworden. Der eigentliche Text wird als Anhang angefügt.

Beispiele

Als Anhang sende ich Ihnen die Unterlagen XY.

Anbei erhalten Sie den Vertrag über …

Im Anhang finden Sie mein Angebot zum Bauvorhaben.

Anbei sende ich Ihnen die Rechnung zum Vortrag in …

Wie gestern vereinbart, sende ich Ihnen die neuste Dokumentation XY.

Sehr typisch ist in diesen Fällen, dass die Sätze verkürzt werden.

Beispiele

Als Anhang die Unterlagen XY.

Anbei der Vertrag über …

> *Im Anhang mein Angebot zum Bauvorhaben.*
>
> *Anbei die Rechnung zum Vortrag in …*
>
> *Wie gestern vereinbart, für Sie die neuste Dokumentation XY.*

Mit diesen Formulierungen haben Sie eine kleine Erklärung für den Anlass Ihrer Korrespondenz gegeben. Mitunter, wenn mit dem Anhang nichts weiter geschehen soll, ist die E-Mail als Begleitschreiben hier auch schon zu Ende.

Das Wort „Anhang" muss im Text der E-Mail nicht erwähnt werden. Es hat nicht die rechtliche Bedeutung des Wortes „Anlage" (papierner Brief). Trotzdem ist die Formulierung „Anhang" mitunter hilfreich:

- Der Absender wird daran erinnert, den Anhang wirklich anzuhängen.
- Der Empfänger kann den Anhang schwer übersehen.
- Beim Weiterleiten einer E-Mail gehen die Anhänge verloren. Der neue Empfänger sieht, dass es einen Anhang gab.

Schreibanlass: Dank für …

Mit einem Dank am Anfang der E-Mail schaffen Sie eine positive Atmosphäre. Das Bedanken ist wie ein Smiley und kann nicht negativ gewertet werden. Mit individuellen Bewertungen durch Adjektive können Sie die Wirkung dieses Textanfanges verstärken.

Beispiele

Vielen Dank für das konstruktive Gespräch gestern.

Vielen Dank für das prompte Zusenden der Unterlagen.

Danke für das detaillierte Angebot.

Herzlichen Dank für den erfrischenden Vortrag.

Vielen Dank für Ihr persönliches Engagement.

Danke für die umfangreiche Unterstützung.

Danke für die ausführlichen Informationen über …

Vielen herzlichen Dank für Ihren kurzfristigen Einsatz als Moderator.

Vielen Dank für Ihre Anfrage.

Danke für den Tipp. Ich werde …

Beachten Sie bitte, dass ein Dank am Anfang nicht zur bloßen Floskel verkommt. Gibt es wirklich einen Anlass für den Dank?

Wenn der Dank als kleine Einleitung dient, um den Bezug auf einen Sachverhalt oder eine Kommunikation herzustellen, ist das eine praktische Überleitung. In kritischen Situationen kann ein Dank allerdings auch sarkastisch wirken.

Beispiel

Vielen Dank für Ihre Informationen.

(Im Ausgangsschreiben ging es aber um eine handfeste Beschwerde.)

In diesem Fall besser:

Wir bedauern, dass Sie mit … unzufrieden sind.

> **Auf den Punkt gebracht**
>
> **Die optimale Einleitung**
>
> Was am Anfang der E-Mail, am Anfang des Satzes steht, bringt den Leser zum Weiterlesen oder nicht.
>
> Überlegen Sie, was die wichtigste Botschaft für den Empfänger ist.
>
> Schreiben Sie eine kurze und freundliche Einleitung bzw. Überleitung zum Hauptteil. Am besten umfasst die Einleitung nur einen kurzen Satz.

Der Textschluss

Der Schluss-Satz hat u. U. eine Langzeitwirkung. Wenn Sie die rhetorische Regel „Der erste Eindruck ist der entscheidende, der letzte bleibt" auf die E-Mail übertragen, dann sollte der Schluss-Satz unbedingt überzeugend sein.

In der E-Mail-Korrespondenz hat sich ein Wandel vollzogen. In der papiernen Korrespondenz war sehr oft als Schluss-Satz der Verweis auf den Ansprechpartner angegeben. Das ist in der E-Mail nicht falsch, aber vielleicht weniger notwendig.

Was folgt nach dem Schluss-Satz?

Die Signatur mit allen Kommunikationsangaben wie beispielsweise Telefonnummer. Für die Lesenden ist sofort alles präsent.

Im Folgenden finden Sie verschiedene Schluss-Satz-Varianten der E-Mail-Korrespondenz.

Schluss-Sätze für die Kommunikationsbeziehungen

Diese Schluss-Sätze ergeben sich nicht aus dem Inhalt des Textes. Sie sind kommunikative Zusätze und dienen dem Ausbau der Beziehungsebene.

Wünsche

Das Verb wünschen ist sehr gut geeignet, einen positiven Abschluss der E-Mail zu schaffen.

Beispiele aus dem Kalender
Ich wünsche Ihnen ein schönes Wochenende.

Einen erfolgreichen Start in die neue Woche wünscht …

Ich wünsche Ihnen eine schöne Sommerzeit.

Diese Sätze werden in der E-Mail oft verkürzt:

„Schönes Wochenende."

Beachten Sie bitte, dass auch bei diesem verkürzten Satz ein Satzschlusszeichen gesetzt wird.

Beispiele mit Erfolg
Ich wünsche Ihnen eine erfolgreiche Messe in Hannover.

Einen erfolgreichen Start in die neue Saison wünscht …

Ich wünsche Ihnen eine erfolgreiche Prüfung.

Beispiele mit persönlichen Wünschen
Ich wünsche Ihnen gute Besserung.

Ich wünsche Ihnen, dass Sie schnell wieder auf die Beine kommen.

Dank

Wenn Sie am Schluss des Textes sich bedanken, dann ist das mit Sicherheit ein positiver Abschluss. Dank-Formulierungen werden in der Praxis sehr häufig auf Kurzsätze reduziert. Achten Sie darauf, dass auch hier ein Satzschlusszeichen steht.

Beispiele
Ich danke Ihnen schon jetzt für Ihre große Hilfe.

Vielen Dank für Ihre Unterstützung.

Vielen Dank im Voraus.

Vielen Dank.

Danke.

Achtung! Verzichten Sie bei solchen emotionalen E-Mail-Abschlüssen auf das Ausrufezeichen. Sie wollen nicht ausdrücken, dass etwas wichtig ist oder dass der andere etwas beachten soll. Es geht vielmehr um eine freundliche Geste.

Freude ausdrücken

Mit dem Verb „freuen" signalisieren Sie am Schluss der E-Mail eine positive Einstellung auf ein zukünftiges Ereignis. Das kann etwas sehr Persönliches sein:

Beispiele

Ich freue mich, Sie auf der Messe kennen zu lernen.

Ich freue mich auf die Zusammenarbeit im Projekt.

Des Weiteren wird dieser Schlussgedanke auch sehr häufig in Einladungen verwendet.

Beispiele

Ich freue mich auf Ihre Teilnahme.

Wir freuen uns auf einen interessanten Erfahrungsaustausch.

Wir freuen uns auf Ihre Präsentation.

Empfehlung: Mit diesem Schluss-Satz können Sie diplomatisch eine Terminerinnerung anbringen.

„Ich freue mich auf unser Gespräch am … in …"

Vermeiden Sie Floskeln!

Lassen Sie den Schluss-Satz mit „wünschen", „danken" oder „freuen" nicht zu einer Floskel verkommen.

Entscheiden Sie, wo es ehrlich gemeint ist. Je mehr Wissen über konkrete Situationen Sie einfließen lassen, desto überzeugender ist Ihr E-Mail-Schluss.

Kurzsätze enden auch mit einem Satzschlusszeichen, am besten mit einem Schlusspunkt.

Schluss-Sätze als Aufforderungen

Wenn Sie mit E-Mails Arbeitsprozesse managen, dann ist ein Schlusssatz mit den Gedanken „Wie geht es weiter? Was sind die nächsten Schritte?" am besten geeignet.

> *Beispiele*
> *Ich benötige bis … die genauen Außenmaße. Ansonsten kann ich den Transport nicht organisieren.*
>
> *Sende bitte das Protokoll unbedingt auch an den Innendienst. Nur so können die schnell reagieren.*
>
> *Besuchen Sie uns auf unserem Messestand. Dort stelle ich Ihnen die Einzelheiten gern vor.*
>
> *Bitte senden Sie den unterschriebenen Vertrag bis … zurück.*

Dort, wo es angebracht ist, verbinden Sie eine Aufforderung mit einem Termin. So können Sie am besten den Prozess kontrollieren.

Mitunter ist es in der E-Mail diplomatisch, das Adjektiv „zeitnah" zu verwenden. Das kann beispielsweise dann der Fall sein, wenn Sie an einen Vorgesetzten schreiben und ein konkreter Termin eher unhöflich ist. Beispiel:

„Ich benötige zeitnah die Zahlen für Ihre Präsentation."

Diplomatische Abstufungen

Wenn Sie Aufforderungen formulieren, sind diplomatische Abstufungen möglich:

1. Ich bitte Sie, die Unterlagen bis … nachzureichen. (sehr höfliche Formulierung)

2. Bitte reichen Sie die Unterlagen bis … nach. (freundliche Aufforderung)

3. Ich fordere Sie auf, die Unterlagen bis … nachzureichen. (Aufforderung mit Nachdruck)

4. Sollten Sie die Unterlagen bis … nicht nachreichen, werden wir nach Aktenlage entscheiden. (Aufforderung mit Konsequenzen)

Es gibt in dieser Hinsicht zwei Fehler:

Erstens: Man verbleibt zu lange in der Stufe 1.

Zweitens: Man steigt gleich in einer zu hohen Stufe ein. Es wird mit Kanonenkugeln auf Spatzen geschossen.

Welche Botschaft soll vermittelt werden?

Wägen Sie in der Kommunikationssituation ab, mit wie viel Freundlichkeit oder Nachdruck Sie am Schluss der E-Mail auftreten wollen.

Schluss-Sätze mit Angeboten

Wenn es darum geht, in einem Prozess eine Lösung anzustreben, ist ein Schluss-Satz mit folgenden Verben angebracht.

Beispiele

Ich biete Ihnen ein klärendes Gespräch an. Unterbreiten Sie uns bitte dazu einen Terminvorschlag.

Wir bieten Ihnen eine Fristverlängerung bis … an. Informieren Sie uns bitte über Ihre Entscheidung.

> *Ich empfehle Ihnen, sich mit einem unabhängigen Gutachter abzustimmen.*
>
> *Aus Kulanz bieten wir Ihnen eine kostenlose Reparatur an.*

Wenn Sie selbst ein Angebot unterbreiten, ist aus rechtlichen Gründen die E-Mail zurzeit in vielen Fällen nur das Begleitschreiben. Das eigentliche Angebot mit den Zahlen, Daten, Fakten wird als PDF-Anhang versendet.

Im Begleitschreiben stehen eher kommunikative Floskeln, wie z. B.: „Vielen Dank für Ihre Anfrage. Wunschgemäß unterbreiten wir Ihnen ein Angebot über … (siehe Anhang)."

In diesem Zusammenhang ist interessant, wie der Schluss-Satz kundenorientiert formuliert wird.

> ### Beispiele
> *Wir halten uns an unser Angebot bis … Bitte informieren Sie uns über Ihre Entscheidung.*
>
> *Unser Angebot sagt Ihnen zu? – Wir freuen uns auf Ihre Bestellung.*
>
> *Wir würden uns über Ihren Auftrag freuen.*
>
> *Wir würden uns freuen, wenn wir unsere erfolgreiche Zusammenarbeit fortsetzen.*

Bei den letztgenannten Schluss-Sätzen ist der Konjunktiv (Möglichkeitsform) mit dem Verb „würden" umstritten. Mit dem Konjunktiv bringen Sie eine Unsicherheit in die Aussage. Andererseits gibt es Situationen, in denen man sehr höflich und zuvorkommend schreibt, z. B. bei Erstkunden.

Hoffnung zeigen

Mit den Verben „würden + freuen" können Sie eine Hoffnung ausdrücken. Diese Formulierungen sind in „diplomatischen Situationen" angebracht.

Schluss-Sätze mit dem Ansprechpartner

Bevor Sie einen Schluss-Satz mit einem Ansprechpartner angeben, wägen Sie bitte ab, ob das notwendig ist:

- Ist der Ansprechpartner allgemein bekannt?
- Ist das genau die Person, die in der Signatur steht?
- Geht es um mehr als das Beantworten von Fragen? Geht es auch um eine Beratung?

Beispiele
Bei Fragen rund um das Thema … sprechen Sie mich bitte an. Ich berate Sie gern.

Bei Fragen zur technischen Umsetzung wenden Sie sich bitte an Herrn Max Muster (Tel. 1234567). (Herr Muster ist nicht die Person, die in der Signatur steht.)

Sie wünschen weitere Informationen über …? Ich berate Sie gern.

Sie haben weitere Fragen? – Ich nehme mir gern Zeit für Sie.

Wenn Sie weitere Hinweise oder Anregungen haben, wenden Sie sich bitte wieder vertrauensvoll an mich.

Wenn andere Schluss-Sätze, wie z. B. eine Aufforderung, in Ihrer E-Mail besser geeignet sind, dann verzichten Sie auf den Gedanken mit dem Ansprechpartner. In der Signatur stehen alle Angaben zum Kontakt.

Sie korrespondieren auf Augenhöhe

Sie verwenden im Schluss-Satz in keinem Fall die alte untertänige Wendung „zur Verfügung stehen".

Verwenden Sie stattdessen Verben: beraten, weiterhelfen, ansprechen, …

Auf den Punkt gebracht

Ein Schluss-Satz!

In der E-Mail ist der Schluss-Satz mit dem Ansprechpartner auf dem Rückzug. Andere Schluss-Sätze, die die Beziehungsebene stärken, werden wichtiger. Des Weiteren geht es im Schluss der E-Mail um nächste Schritte in einem Handlungsprozess.

Formulieren Sie **einen** Schluss-Satz (**nicht** zwei oder drei) mit Ausstrahlung.

Grußformen

Bei der Formulierung der Grußform haben Sie in der Regel keinen großen Handlungsspielraum, wenn diese Form mit der Signatur verbunden und dort fest verankert ist. Das sind dann Vorgaben Ihres Unternehmens bzw. Ihrer öffentlichen Verwaltung (Corporate Design).

Wenn Sie einen Handlungsspielraum haben, dann stimmen Sie die Grußform mit der Anredeform ab. Zur Anrede „Sehr geehrte Frau Dr. Meier," passt nicht „Liebe Grüße" und zur Anrede „Hallo, Herr Meier," passt nicht der Gruß „Mit freundlichen Grüßen". Folgende Grußformen sind möglich:

Beispiele
Freundliche Grüße

Viele oder beste Grüße

Liebe Grüße

Herzliche Grüße

Viele Grüße aus … oder nach …

Sonnige Grüße aus Baden

Grußform ohne Satzzeichen
Die Grußform endet stets ohne Satzzeichen.

Überlegen Sie bitte auch, ob Ihre Grußform zum Anlass bzw. zu Ihrer Tätigkeit passt. Wenn Sie zu viele Emotionen in den Gruß legen, kann die Wirkung auch gegenteilig sein.

Auf den Punkt gebracht

Grußform entsprechend der Anrede

Nutzen Sie bitte die in der Signatur vorgegebene Grußform. Wenn Sie keine Vorgaben haben, dann stimmen Sie die Grußform auf die Anrede ab.

Stilistische Tendenzen

Handelnde Personen

In der Korrespondenz signalisieren die persönlichen Fürwörter (Personalpronomen), wer der Handlungsträger ist, wer angesprochen ist und letztendlich wer die Verantwortung trägt. Dabei ist im Übergang von der papiernen Korrespondenz zur E-Mail-Korrespondenz ein Wechsel vom „wir" zum „ich" zu beobachten – ohne dass die eine Form die andere vollständig abgelöst hat.

Wir-Stil

Diese Form ist dann notwendig, wenn Sie im Text als Unternehmen auftreten. In der papiernen Korrespondenz ist diese Form angezeigt, wenn zwei Unterschriften unter dem Brief aufgeführt stehen. Eine Ich-Form ist dann im Text nicht darstellbar.

Da in der E-Mail-Korrespondenz nur eine Signatur angegeben wird, ist dieser Hinderungsgrund nicht mehr gegeben.

> *Beispiel*
> *Bei Fragen rund um das Thema Schmierstoffe wenden Sie sich bitte an mich. Ich berate Sie gern.*
>
> *Viele Grüße*
>
> *Franka Muster*
>
> *Gebietsleiterin …*

Des Weiteren geht es bei der Entscheidung „wir" oder „ich" um ein rechtliches Problem. Was darf der einzelne Mitarbeiter entscheiden? Bis zu welcher Summe darf er etwas anbieten, verkaufen, bestellen, …?

> **Beispiel**
> *Wir bieten Ihnen die Produkte XY mit einer 5-jährigen Garantie an.*

In diesem Zusammenhang kommt oft die Frage auf, ob in einem Text zwischen „wir" und „ich" gewechselt werden darf. Das ist im Gegensatz zu einem Brief mit zwei Unterschriften in einer E-Mail möglich.

> **Beispiel**
> *Wir bieten Ihnen die Produkte XY mit einer 5-jährigen Garantie an. …*
>
> *Ich freue mich, Sie in der nächsten Woche auf der Messe in Hannover kennen zu lernen.*

Der Außendienstmitarbeiter kann die 5-jährige Garantie nur im Sinne seines Unternehmens anbieten (rechtlicher Aspekt). Er kann aber im Schluss-Satz die persönliche Beziehung stärken, indem er die Ich-Form verwendet.

Die Wir-Form entfaltet ihr sprachliches Potenzial, wenn wirklich das Unternehmen als Ganzes gemeint ist. (Wir = Unternehmen) Dann steht das Unternehmen als Handlungsträger im Mittelpunkt.

> *Beispiel*
> *Unser Unternehmen plant im neuen Jahr den Neubau einer Versorgungsleitung in …*
>
> *Wir (= Firma) werden im nächsten Jahr folgende Produkte aus dem Sortiment nehmen.*

In der öffentlichen Verwaltung wird die Wir-Form vor allem dann eingesetzt, wenn die gesamte Behörde (juristische Person) gemeint ist.

> *Beispiele*
> *Die Gemeinde XY beteiligt sich an …*
>
> *Der Landkreis plant …*
>
> *Der Freistaat fördert …*

„Wir-Form"

Die Wir-Form verwenden Sie in der E-Mail-Korrespondenz vor allem dann, wenn das Handeln über die Ich-Form juristisch nicht abgedeckt ist.

Darüber hinaus können Sie mit dieser Form Ihr Unternehmen bzw. Ihre Behörde als Handlungsträger in den Mittelpunkt rücken.

Ich-Form

Wenn Sie in dieser Form korrespondieren, erhält die E-Mail eine persönliche Ausstrahlung. Besonders in Schluss-Sätzen bleibt eine persönliche Note eher im Langzeitgedächtnis haften als eine allgemeine Wir-Form. Vergleichen Sie:

Beispiele

Ich wünsche Ihnen viel Erfolg auf der Messe in …

Wir wünschen Ihnen viel Erfolg auf der Messe in …

Ich freue mich auf unseren Termin nächste Woche.

Wir freuen uns auf den Termin nächste Woche.

Darüber hinaus übernehmen Sie mit der Ich-Form Verantwortung für ein Handeln. Das kann einerseits beim Empfänger positiv ankommen. Andererseits kann das auch zum Eigentor werden. Vielleicht ist es dann besser, aus taktischen Gründen in die Wir-Form zu wechseln.

Beispiel

Ich sende Ihnen das Material mit der Post. (Unproblematische Verwendung der Ich-Form)

Ich habe Ihre Reklamation geprüft. (Problematische Verwendung der Ich-Form)

Besser: Wir haben Ihre Reklamation geprüft.

Ich-Form im Schluss-Satz

Die Ich-Form verleiht Ihrer Korrespondenz eine persönliche Note. Setzen Sie diese Form vor allem im Schluss-Satz ein. Beachten Sie dabei jedoch Ihren Tätigkeitsbereich.

Ich-Form in der Öffentlichen Verwaltung

In der Öffentlichen Verwaltung wird in vielen Briefen bereits die Ich-Form verwendet. Dabei signalisiert der Unterschriftszusatz „im Auftrag" (nicht abgekürzt geschrieben), dass der Verwaltungsbeamte im Auftrag der Behörde (Oberbürgermeister, Landrat, …) schreibt.

Der Verwaltungsbeamte spricht zum Beispiel in einem Bescheid Recht. „Ich ordne an. Ich übe Ermessen aus. Ich lege fest. …" Deshalb die Verwendung der Ich-Form.

Wenn der Verwaltungsakt auch elektronisch übermittelt werden kann (S. 41), ist auch in der E-Mail-Korrespondenz der Öffentlichen Verwaltung die Verwendung der Ich-Form notwendig.

Wenn es um allgemeine E-Mail-Korrespondenz geht (z. B. der Bürger möchte eine Auskunft), dann kann der Mitarbeiter der öffentlichen Verwaltung selbstverständlich die Ich-Form wählen.

> **Beispiel**
> *Ich sende Ihnen als Anhang die entsprechenden Antragsformulare.*
>
> *Ich empfehle Ihnen, einen Antrag auf Fristverlängerung zu stellen*

Wenn allerdings die Verwaltung als Ganzes gefragt ist, schreiben Sie nicht in der Ich-Form (s. Wir-Form).

Der Landkreis plant den Bau einer Umgehungsstraße im Jahre 2020. (Nicht: Ich plane …)

Sie-Form

Mit der Sie-Form stellen Sie den Empfänger in den Mittelpunkt, deshalb realisiert diese Form der Korrespondenz am besten den Qualitätsanspruch „Empfängerorientierung".

> *Beispiel*
> *Ich sende Ihnen den Vertrag XY.*
> *Besser: Sie erhalten den Vertrag XY.*

In dem Beispiel wird deutlich: Es ist für die Wirkung Ihres Textes nicht so wichtig, dass der Einzelne (Ich-Form) etwas sendet. Vielmehr ist es wichtig, dass der Empfänger spürt, dass er etwas bekommt.

Des Weiteren geht es bei Handlungen darum zu zeigen, wer der Handlungsträger ist.

> *Beispiel*
> *Ich bitte Sie, die Unterlagen bis … zurückzusenden.*
> *Besser: Senden Sie bitte die Unterlagen bis … zurück.*

Mit der Sie-Form wird deutlich, dass die Handlungskonsequenz beim Empfänger liegt.

Wenn Sie allerdings an Vorgesetzte schreiben, ist die Ich-Form besser, weil diplomatisch. Sie können Vorgesetzte in der Regel nicht mit der Sie-Form auffordern.

> *Beispiel*
> *Bitte senden Sie mir die Unterlagen bis …*
> *(an Vorgesetzte u. U. kritisch)*
> *Besser: Ich benötige die Unterlagen bis …*

Der Leser im Mittepunkt

Die Sie-Form rückt den Leser in den Mittelpunkt und realisiert am besten Empfängerorientierung.

Passiv-Formen

Mit der grammatischen Form „Passiv" blenden Sie zunächst den Handlungsträger aus.

Beispiel
Ihre Reklamation wurde geprüft. (Vorgangspassiv)
Die Reparatur ist bereits erfolgt. (Zustandspassiv)

Wer die Prüfung vorgenommen hat bzw. die Reparatur ausgeführt hat, ist in den Beispielen nicht erkennbar. Die Wirkung solcher Passiv-Formen: unpersönlich.

Es wird der Vorgang bzw. der Zustand in den Mittelpunkt gerückt. Das kann punktuell in einem Text durchaus hilfreich sein. Es ist vielleicht nicht wichtig, wer gehandelt hat, sondern das Ergebnis steht im Mittelpunkt.

Eine Umkehrung der unpersönlichen Wirkung erzielen Sie, wenn Sie den Handlungsträger als Objekt des Satzes ergänzen.

Beispiel
Ihre Reklamation wurde von unseren Fachleuten im Hauptwerk geprüft.

Mit der Formulierung „von unseren Fachleuten im Haupt-werk" stellen Sie mit dieser Form die Handlungsträger wie-der besonders in den Vordergrund.

Sparsamer Einsatz von Passiv-Formen

Passiv-Formen wirken oft unpersönlich. Deshalb sollten diese den Text nicht dominieren.

Punktuell eingesetzt, können diese Formen ihre sti-listische Wirkung „Sachlichkeit" entfalten.

Übung
Entscheiden Sie bei den folgenden Sätzen, ob die Ich-Form geeignet ist oder besser eine andere Form (wir, Sie, Passiv) verwendet werden soll.

(1) Ich bitte Sie, die neuen Regelungen unbedingt zu be-achten.

(2) Ich reiche die Unterlagen bis … nach.

(3) Ich bestätige Ihnen den fristgerechten Eingang Ihrer Kün-digung.

(4) Ich sende Ihnen die Musterverträge bis …

(5) Ich habe den Vertrag geprüft.

(6) Ich benötige Ihre Zuarbeit bis …

(7) Ich bitte Sie, die folgenden Anpassungen vorzunehmen.

(8) Ich bitte Sie, einen Termin zu vereinbaren.

Lösungen

Grundsätzlich: Alle Formen sind in der Ich-Form möglich.

(1) Ich bitte Sie, die neuen Regelungen unbedingt zu beachten.

Besser: Bitte beachten Sie …

Kommentar: stärkere Empfängerorientierung.

(2) Ich reiche die Unterlagen bis … nach. (i. O.)

(3) Ich bestätige Ihnen den fristgerechten Eingang Ihrer Kündigung. (i. O.)

Passiv auch möglich: Ihre Kündigung ist fristgerecht eingegangen.

(4) Ich sende Ihnen die Musterverträge bis …

Besser: Sie erhalten die Musterverträge bis …

Kommentar: Der Empfänger steht im Mittelpunkt.

(5) Ich habe den Vertrag geprüft.

Kommentar: Sie übernehmen mit der Ich-Form Verantwortung. Bessere juristische Absicherung mit der Wir-Form.

Wir haben den Vertrag geprüft.

Passiv auch möglich: Der Vertrag wurde (von unseren Juristen) geprüft.

(6) Ich benötige Ihre Zuarbeit bis … (i. O.)

(7) Ich bitte Sie, die folgenden Anpassungen vorzunehmen.

Besser: Nehmen Sie bitte die folgenden Anpassungen vor.

Kommentar: stärkere Empfängerorientierung.

(8) Ich bitte Sie, einen Termin zu vereinbaren.

Besser: Vereinbaren Sie bitte einen Termin.

Kommentar: stärkere Empfängerorientierung.

Auf den Punkt gebracht

Auswahl der richtigen Form:

Ein Text wirkt dann dynamisch und interessant, wenn Sie eine gute Mischung der persönlichen Fürwörter haben.

Wenn der Empfänger im Mittelpunkt stehen soll, dann formulieren Sie im Sie-Stil.

Wenn der Absender als Person im Mittelpunkt stehen soll, formulieren Sie in der Ich-Form.

Wenn das Unternehmen im Mittelpunkt steht bzw. die Verwaltung als Ganzes gemeint ist, dann formulieren Sie in der Wir-Form.

Passiv-Formen rücken den Zustand oder den Prozess in den Mittelpunkt. Sie führen zu einer Versachlichung und können unpersönlich wirken.

Aufforderungen mit Diplomatie

In der Korrespondenz geht es oft um die Frage, wie man eine Aufforderung mit dem „richtigen Ton" sprachlich darstellen kann. Sie wollen einerseits etwas erreichen. Andererseits können Sie aufgrund Ihrer Stellung nicht immer fordernd auftreten. Die E-Mail-Korrespondenz nimmt in der internen Kommunikation eines Unternehmens bzw. einer Behörde eine zentrale Position ein. In diesem Zusammenhang sind diplomatische Aufforderungen sehr wichtig. Folgende Stufen sind möglich.

Stufe 1 – Konjunktivformen

In der alten förmlichen Korrespondenz war die Verwendung von Konjunktivformen üblich. Diese Formulierungen waren Ausdruck einer besonderen Form der Höflichkeit.

> **Beispiel**
> *Wären Sie so nett und senden Sie mir bitte die Unterlagen bis morgen?*
>
> *Ich wäre sehr erfreut, wenn Sie unser Angebot annehmen.*

Diese Formen sind in der Korrespondenz im Allgemeinen nicht mehr üblich.

Des Weiteren sind die folgenden Höflichkeitseinleitungen in der E-Mail-Korrespondenz entbehrlich geworden.

> **Beispiele**
> *Ich möchte Sie bitten, die Unterlagen zu unterschreiben.*
>
> *Ich möchte Ihnen mitteilen, dass …*
>
> *Könnten Sie mir bitte noch einmal die Unterlagen senden.*

Allerdings sind Formulierungen mit „würden freuen" teilweise auch heute freundliche und höfliche Formulierungen.

> **Beispiel**
> *Ich würde mich freuen, wenn Sie die Unterlagen bis morgen nachreichen. (schwache, aber sehr höfliche Formulierung)*
>
> *Ich würde mich freuen, wenn wir auch im nächsten Jahr zusammenarbeiten. (höfliche Formulierung).*

Mit „würden freuen" drücken Sie eine Hoffnung aus. Das ist immer dann stilistisch richtig, wenn die Empfänger einen weiten Handlungsspielraum haben.

Konjunktivformen

Die Verwendung von Konjunktivformen im Zusammenhang mit Aufforderungen rückt heute in der E-Mail-Korrespondenz in den Hintergrund. Es sind in der Regel sehr höfliche Formulierungen, die verwendet werden können, wenn Sie in einer schlechten „Verhandlungsposition" sind. Dann wirken diese Formen diplomatisch.

Stufe 2 – Ich-Stil mit „bitten"

Eine Aufforderung in der Ich-Form mit dem Verb „bitten" wirkt höflich und zuvorkommend.

> ### Beispiel
> *Ich bitte Sie, die Unterlagen bis morgen nachzureichen.*
>
> *Ich bitte Sie, die neue Regelung XY zu beachten.*
>
> *Ich bitte Sie, den Termin zu verschieben.*
>
> *Ich bitte Sie, die Rechnung zu prüfen.*
>
> *Ich bitte Sie, den Fehler … zu suchen.*

Wenn ein Vorgesetzter in der Ich-Form eine Aufforderung formuliert, liegt selbstverständlich ein ganz anderer Nachdruck dahinter, als wenn das ein Mitarbeiter auf Augenhöhe formuliert. Umgekehrt ist die Ich-Form in der Mitarbeiter-Vorgesetzen-Kommunikation eine diplomatische Form der Aufforderung.

> *Beispiel*
> *Ich benötige die Unterlagen XY für die Präsentation bis morgen.*
>
> *Ich brauche unbedingt die Zahlen für die termingerechte Vorbereitung der Vorstandspräsentation.*

Solchen diplomatischen Aufforderungen können sich auch Vorgesetzte in der Regel schwer entziehen.

Ich-Form bei Aufforderungen

Die Ich-Form bei Aufforderungen ist höflich und diplomatisch.

Stufe 3 – Aufforderungen mit „Sie"

Mehr Nachdruck erreichen Sie in Ihrer Korrespondenz, wenn Sie die Lesenden direkt ansprechen (Sie-Form) und sie auffordern.

> *Beispiel*
> *Bitte reichen Sie die Unterlagen bis morgen nach.*
>
> *Bitte beachten Sie die neue Regelung XY.*
>
> *Bitte verschieben Sie den Termin.*
>
> *Bitte prüfen Sie die Rechnung.*
>
> *Bitte suchen Sie den Fehler …*

In diesen Sätzen können Sie das Zauberwort „bitte" flexibel einsetzen. Am Satzanfang erzeugt „bitte" eine besonders höfliche Wirkung. Wenn Sie das Zauberwort in den Satz verschieben, steht das Verb und damit die Aufforderung im Vordergrund. Sie können „bitte" auch weglassen. Dann kommt mehr Nachdruck in die Aussage. Vergleichen Sie:

> *Beispiel*
> *Bitte beachten Sie die neue Regelung XY. (höflich)*
>
> *Beachten Sie bitte die neue Regelung XY. (höflich mit Nachdruck)*
>
> *Beachten Sie die neue Regelung. (mit Nachdruck)*

Korrespondenz auf Augenhöhe

Mit der Sie-Form stellen Sie die Handlung des Empfängers in den Mittelpunkt. Diese Formen sind in der E-Mail-Korrespondenz alltäglich geworden. Sie präsentieren Korrespondenz auf Augenhöhe.

Mitunter gibt es Situationen, in denen Sie den Nachdruck weiter verstärken müssen, in denen auch Konsequenzen deutlich werden müssen. Sprachlich ist dann die Ich-Form wieder möglich, aber nicht mit „bitten", sondern mit dem Verb „auffordern" bzw. „hinweisen".

Die Einleitung mit dem Konjunktiv „Sollten Sie …" droht Konsequenzen an.

Beispiel

Ich fordere Sie auf, die Unterlagen bis morgen nachzureichen.

Ich weise darauf hin, dass die neue Regelung XY zu beachten ist.

Sollten Sie den Termin nicht verschieben, können nicht alle Entscheidungsträger teilnehmen.

Ich weise Sie an, die Rechnung zu prüfen.

Sollten Sie den Fehler nicht finden, müssen wir das Produkt vom Markt nehmen.

Formulierungen mit Nachdruck sind von der Beziehung zum Empfänger abhängig

Die Verwendung dieser Formulierungen machen Sie bitte unbedingt von Ihren Kommunikationsbeziehungen abhängig. Ob Sie wirklich in diese Stufe gehen, hängt von folgenden Faktoren ab.

• Schreibe ich an einen Kunden erstmalig in einem Sachverhalt oder ist das ein „Wiederholungstäter"?

• Schreibe ich an einen Mitarbeiter auf Augenhöhe oder an einen Vorgesetzten?

Wenn Sie alle Stufen in Ihrer Komplexität betrachten, ergibt sich zum Beispiel im Zahlungsverkehr folgende Reihenfolge:

Beispiel

Rechnung: Wir bitten Sie, den Rechnungsbetrag bis ... zu überweisen.

Erinnerungsschreiben: Bitte überweisen Sie den Rechnungsbetrag bis ...

Mahnung: Überweisen Sie den Rechnungsbetrag bis ...

Letzte Mahnung: Sollten Sie den Rechnungsbetrag bis ... nicht überweisen, werden wir gerichtliche Schritte einleiten.

In der E-Mail-Korrespondenz treten vor allem zwei Fehler auf.

1. Der Absender bleibt bei mehreren Schreiben zu einem Sachverhalt immer bei „Ich bitte Sie ...". Es erfolgt kein weiterer Nachdruck.

2. Der Absender schreibt gleich in der ersten E-Mail „Sollten Sie ..." Das heißt, man schießt über das Ziel hinaus .

Auf den Punkt gebracht

Die goldene Mitte

Diplomatie bei Aufforderungen bedeutet in erster Linie (unter Berücksichtigung der Empfänger), die richtige Stufe zu finden. Schreiben Sie nicht überhöflich, aber überspannen Sie auch nicht den Bogen.

Leichte oder Einfache Sprache?

In der E-Mail-Korrespondenz benötigen wir eine Sprache, die einerseits verständlich und schnell zu lesen ist, aber andererseits auch fachlich korrekt sein muss.

In der öffentlichen Diskussion finden Sie gegenwärtig vor allem zwei Begriffe.

Leichte Sprache (auch barrierefreie Sprache genannt)

wird eingesetzt beim Spracherwerb (z. B. bei Menschen mit Lernschwierigkeiten oder Lernbehinderungen). Darüber hinaus wird Leichte Sprache in Anleitungstexten verwendet.

> *Beispiele:*
> *Wenn jemand ein Auto anmelden möchte, muss das möglich sein – unabhängig von seiner sprachlichen Fähigkeit.*
>
> *Wenn jemand eine Kaffee-Maschine kauft, muss jeder Mensch diese in Betrieb nehmen können.*

Einfache Sprache

Einfache Sprache ist geeignet, Fachtexte (die auch juristisch geprägt sind), in einem verständlichen Deutsch darzustellen.

> *Beispiel*
> *Wenn ein Mieter eine Betriebskostenabrechnung erhält, sollte diese einerseits verständlich sein. Aber andererseits muss dieser Text auch einer juristischen Auseinandersetzung standhalten.*

Die folgende Tabelle zeigt die Differenzierungen zwischen
„Leichter Sprache" und „Einfacher Sprache":

	Leichte Sprache	Einfache Sprache
Satzbau	keine Nebensätze	Nebensätze möglich
Satzlänge	bis 7 Wörter	bis 2 Zeilen bzw. 17 Wörter
Fachwörter	eher nicht	ja (juristisch notwendig)
Wortlänge	begrenzt (7 – 8 Buchstaben)	keine Begrenzung, aber Einsatz vom Kopplungsstrich
Grammatische Korrektheit	u. U. ausgesetzt	ja
Einsatz von Bildern und Piktogrammen	ja	möglich, aber nicht im Vordergrund.

Diese Tabelle erhebt nicht den Anspruch, diese beiden Begriffe in ihrer Gesamtheit auszudifferenzieren. Entscheidend
ist für unser Ratgeberbuch die Frage, welche Form in der
E-Mail-Korrespondenz zur Anwendung kommt.

Wortwahl

Wenn Sie in E-Mails intern oder extern über fachliche Sach-
verhalte kommunizieren, benötigen Sie für eine korrekte
Korrespondenz Fachwörter. Nur so können Sie eine präzise
Informationsübertragung gewähren. Vor allem müssen Sie

die einmal festgelegten Begriffe beibehalten. Ein Wechsel der Vokabeln kann beim Empfänger zu Irritationen führen, wie das folgende Beispiel zeigt

> **Beispiele**
> Guten Tag, Frau Muster,
>
> Sie erhalten als Anhang das Protokoll der letzten Arbeitsgruppensitzung. Ich habe dabei …
>
> Beachten Sie bei der Niederschrift den Punkt 5. …

Der Empfänger dieser E-Mail glaubt eventuell, dass er neben dem Protokoll noch zusätzlich eine Niederschrift bekommen hat.

Festgelegte Begriffe beibehalten

Einmal festgelegte Wörter für Begriffe behalten Sie bitte unbedingt bei. So vermeiden Sie Verwirrungen beim Empfänger Ihrer E-Mail.

Erläuterung von Begriffen

Wenn Sie zur Einschätzung kommen, dass Ihre Empfänger den Begriff nicht verstehen, erläutern Sie den Sachverhalt mit den Formeln:

Das heißt, dass …

Das bedeutet für Sie …

Des Weiteren benötigen Sie in E-Mails keine Imponierwörter.

Beispiel

Wenn Sie an dieser Veranstaltung partizipieren möchten, melden Sie sich bitte sukzessive an. ???

Sie möchten an der Veranstaltung teilnehmen? Dann melden Sie sich bitte mit folgenden Schritten an.

Beachten Sie bitte: Nicht jedes Fremdwort ist ein Imponierwort. Wenn Fremdwörter Fachwörter sind, dann steht deren Verwendung in einer E-Mail nichts entgegen.

Fachwörter ja, Imponierwörter nein!

Benutzen Sie in der E-Mail Fachwörter. Entscheiden Sie – je nach Zielgruppe – ob Sie diese erläutern. Verzichten Sie auf Imponierwörter.

Vorsilben auf den Prüfstand

Wenn Sie in einer Einfachen Sprache korrespondieren, ist es notwendig, Vorsilben auf den Prüfstand zu stellen. Stellt diese Vorsilbe in Verbindung mit dem folgenden Wort einen Mehrwert dar?

„senden oder übersenden?"

Wenn Sie mit der E-Mail etwas „senden", ist das völlig ausreichend. „Übersenden" ist nichts Genaueres. Die Vorsilbe ist unnötiger Ballast.

Übung

Entscheiden Sie bei den folgenden Wörtern, ob die Vorsilbe notwendig ist.

Einen Vertrag (ab)ändern.

Die Entscheidung erneut (über)prüfen.

(Rück)erstattung von Fahrtkosten.

(Un)kosten bei der Veranstaltung.

(Vor)ankündigung von …

Lösungen
Einen Vertrag ändern.

Die Entscheidung erneut prüfen.

Erstattung von Fahrtkosten.

Kosten bei der Veranstaltung.

Ankündigung von …

>
> **Einfache Wörter**
>
> Verwenden Sie in einer E-Mail einfache Wörter ohne unnötige Vorsilben. Schärfen Sie Ihren sprachlichen Ausdruck.

Leichte Sprache in der E-Mail-Korrespondenz?

Einsatz von Kurzwörtern und Symbolen

Können Sie in diesem Zusammenhang auch Elemente der Leichten Sprache übernehmen? – In der Leichten Sprache ist es gerade gefordert, bildliche Elemente einzusetzen, weil diese sehr gut verstanden werden.

Wir leben im Zeitalter der Informationsflut. Also ist es für alle E-Mail-Empfänger nützlich, die Informationen gut aufzubereiten. Das heißt, die Informationen sollten schnell erfassbar sein.

> *Beispiel*
> *Betreff: Protokoll der … – zur Info*
>
> *Hallo Sabine,*
>
> *anbei das Protokoll. Kann zur nächsten Telko nicht. Kannst du übernehmen? Danke. ;–)*
>
> *LG Jürgen*

Wenn es in einer Kommunikationsgruppe ein Einverständnis und ein Verständnis gibt, sind folgende sprachliche Optimierungen möglich und vorteilhaft:

- Kurzwörter/Abkürzungen: zur Info, anbei, Telko (für Telefonkonferenz), LG, …

- Symbole: ☺, ;-), …

- Kurzsätze: „Anbei das Protokoll.", „Danke.", …

Wenn es notwendig ist, setzen Sie in einer E-Mail Zahlen, Tabellen, Diagramme, … ein. Das ist vorteilhaft für eine präzise Darstellung der Sachverhalte. Oft werden diese Darstellungen auch in den Anhang gepackt.

Steigende Anzahl von Symbolen, Kurzwörtern, Bildern …

In der E-Mail-Korrespondenz werden zunehmend Elemente der Leichten Sprache, wie Symbole, Bilder, usw., verwendet. Überlegen Sie, ob es bei den Empfängern ein Verständnis dafür gibt. Prüfen Sie bitte auch, ob diese Zeichen vom Programm der Empfänger technisch unterstützt werden und damit überhaupt gelesen werden können.

Schreibung von Wörtern mit Bindestrich

Wenn Wörter sehr lang sind, verliert der Lesende evtl. den Überblick. Beispiel:

Grundstücksverkehrsgenehmigungszuständigkeitsübertragungsverordnung (67 Buchstaben)

Auch wenn nicht alle Wörter so lang sind, ist es überlegenswert, lange Wörter durch einen Bindestrich (Kopplungsstrich) aufzubrechen.

> **Beispiel**
>
> **Prozessübertragung**   **Prozess-Übertragung**
>
> **Besichtigungstermin**   **Besichtigungs-Termin**
>
> **Kaffeeautomat**   **Kaffee-Automat**
>
> **Serviceorientierung**   **Service-Orientierung**

Besonders wenn ungewöhnliche, schwer lesbare Buchstabenkombinationen an Wortfugen (wo zwei Wörter aufeinandertreffen) auftreten, ist eine Schreibung mit Bindestrich zu empfehlen.

Wörter mit Bindestrich

In der E-Mail-Korrespondenz können Sie die Schreibung von Wörtern mit Bindestrich aus der Leichten Sprache sehr gut einsetzen.

Sie erleichtern damit das schnelle Lesen der E-Mail.

Satzformen/Satzbau

Keine Schachtelsätze

Die E-Mail-Korrespondenz wird im Zusammenhang mit einer effektiven Informationsübertragung gesehen. Deshalb verbietet es sich, Schachtelsätze oder lange Sätze einzusetzen. Diese würden die schnelle Lesbarkeit sehr stark einschränken.

> ### *Beispiel*
> **Vorher:** *Das Angebot, welches du mir gestern gesendet hattest, habe ich inzwischen so umformuliert, dass unsere Leistungen, die nun wirklich Neuigkeitswert haben, stärker in den Vordergrund gerückt werden.*
>
> **Nachher:** *Das Angebot von gestern habe ich inzwischen umformuliert. Jetzt stehen unsere Leistungen mit Neuigkeitswert im Vordergrund.*

Satzreihenfolge

Zur juristischen Korrektheit gehört es, die Quelle anzugeben, auf die Sie sich berufen. (Einfache Sprache!) Wenn das in einer E-Mail notwendig ist – z. B. in einer Auseinandersetzung um eine Reklamation – führen Sie die AGBs an und verwenden die Quelle bitte stets am Satzende, z. B.: (vgl. Ziff. 3 S. 2 der AGBs). Am Satzanfang wird Ihre juristische Grundlage auch als „Keulenschlag" interpretiert.

Satzreduktionen (Ellipsen)

Eine Kommunikation in Kurzsätzen, in denen z. B. kein Verb vorkommt, ist in der E-Mail üblich geworden. Vor allem betrifft das den Textanfang bzw. das Textende.

Beispiel
Hallo Frank,

danke für die Info. ...

Schönes Wochenende.

LG

Aus diesen Kurzsätzen können vollständige Sätze gebildet werden:

„Danke für die Info." = Ich danke dir für die Information.

„Schönes Wochenende." = Ich wünsche dir ein schönes Wochenende.

Aus diesen Gründen steht am Ende der Kurzsätze ein Satzschlusszeichen.

Kurzsätze können auch als Überleitungen benutzt werden. In dieser Funktion dienen diese der Orientierung der Leser und damit der Verständlichkeit des Textes.

Beispiel
Guten Tag, Herr Werner,

Ihre Einwände haben wir geprüft. Im Folgenden unser Standpunkt:

1. ...

2. ...

3. ...

Diese Überleitungssätze („Im Folgenden unser Standpunkt:") sind Kurzsätze und können mit einem Doppelpunkt enden.

Damit eröffnen Sie eine Gliederung mit Zahlen oder Spiegelstrichen und geben den Lesenden eine Checkliste.

Die Aufzählung kann mit unterschiedlichen Symbolen, Aufzählungszeichen erfolgen. Somit haben Sie auch hier Möglichkeiten, Elemente der Leichten Sprache in der E-Mail zu verwenden.

Überleitungen von einem Textabschnitt zum nächsten können auch mittels Zwischenüberschriften oder rhetorischen Fragen dargestellt werden.

Mit Zwischenüberschriften orientieren Sie den Leser auf den nächsten Inhalt. Somit schaffen Sie eine klare Strukturierung und der Leser kann entscheiden, welchen Abschnitt er liest oder überspringt.

Da die E-Mail im Alltag besonders eng mit dem Gespräch verzahnt ist, ist die Überleitung mit einer rhetorischen Frage sehr wirkungsvoll. Sie stellen eine Frage an den Lesenden und fordern ihn zum geistigen Dialog heraus. Die Antwort geben Sie selbst.

Beispiele für rhetorische Fragen
Was sind unsere nächsten Schritte?

Welche Konsequenzen ergeben sich daraus?

Welchen Handlungsspielraum haben wir?

Welche Möglichkeiten kann ich Ihnen anbieten?

Warum kann diese technische Lösung nicht funktionieren?

Einfacher Satzbau

Der Satzbau orientiert sich in der E-Mail zunächst grundsätzlich an der Einfachen Sprache: Kurze Sätze (max. 2 Zeilen oder 17 Wörter), keine Schachtelsätze, Angabe von juristischen Quellen am Ende des Satzes, Überleitungen.

Darüber hinaus werden Elemente der Leichten Sprache integriert: Kurzsätze, Symbole, …

Das führt zu einer effektiven Kommunikation.

Auf den Punkt gebracht

Optimierung der Kommunikation

In der E-Mail benutzen Sie am besten Einfache Sprache: Fachwörter (evtl. mit Erläuterungen), kurze Sätze, Überleitungen (z. B. mit Überschriften).

Im Trend liegt es, Elemente der Leichten Sprache zur Optimierung der Kommunikation einzusetzen: Aufbrechen der Wörter mit Bindestrich, Kurzwörter, Kurzsätze, Symbole, …

Normen der Korrespondenz in der E-Mail

DIN 5008 in der E-Mail-Korrespondenz

Diese Schreibnorm regelt für den Schriftverkehr die Schreibung von Zahlen, von Abkürzungen, … Des Weiteren geht es um grundlegende Festlegungen zum Layout, zur Anfertigung von Tabellen, Inhaltsverzeichnissen usw. In der Regel gibt sich ein Unternehmen bzw. eine öffentliche Verwaltung eine interne Schreibordnung (Corporate Design).

Grundsätzlich geht es um ein einheitliches Erscheinungsbild des Unternehmens/der Verwaltung. In diesem Zusammenhang ist es wichtig, die E-Mail-Korrespondenz einzubinden. Ein Empfänger bekommt beispielsweise ein Angebot auf dem Brieflayout an die E-Mail angehängt. Widersprüche in den Schreibweisen beider Texte darf es nicht geben.

Im Folgenden finden Sie einige Checklisten über korrekte Schreibweisen und Hinweise für die Anwendung in E-Mails.

Zahlenschreibweisen

Telefonnummern werden nach der DIN nicht mehr gegliedert, sondern hintereinander geschrieben. Vorwahlen werden durch ein Leerzeichen abgeteilt. Durchwahlnummern werden durch einen Strich angeschlossen.

> **Beispiele**
> 0123 4567-890   *Telefon mit Durchwahl*
> 0172 3456789   *Handy-Nummer*
> +49 30 1234-567   *internationaler Anschluss*

Wenn ein Unternehmen aus Gründen der Übersichtlichkeit (z. B. Verwendung von runden Klammern zur Abgrenzung der Vorwahl) von dieser Norm abweicht, dann sollte das intern kommuniziert werden. Wichtig ist in einem solchen Fall, dass Sie immer einheitlich in allen Texten auftreten.

Schreibung von IBAN: Kontonummern und Bankleitzahlen sind zu einer IBAN zusammengefasst. Dabei gibt es bei der Schreibung eine Gliederung in 5 Vierergruppen und eine Zweiergruppe. Dazwischen stehen Leerzeichen. Die BIC wird in Großbuchstaben dargestellt.

> **Beispiel**
> DE89 1234 5678 1234 5678 91
> BIC   DEUTDEDBABC

Eine Abweichung bei der Schreibweise der IBAN ist in keinem Fall zu empfehlen, zumal die Formularfelder darauf abgestimmt sind. Die Angabe der BIC ist im inländischen Zahlungsverkehr nicht notwendig.

Geldbeträge werden nach der DIN in Dreierschritte (von rechts beginnend) mit dem Punkt gegliedert. Wenn keine Cent vorhanden sind, kann auf die Nullen verzichtet werden.

Achtung: Schreiben Sie in keinem Fall statt der Nullen einen Strich.

Beispiele
2.500,00 € oder 2.500 € oder 2.500 EUR
€ 2.50,00 oder € 2.500

Die Währungsbezeichnung steht vor oder nach dem Betrag.

TIPP: Im Fließtext ist es sinnvoll, die Währungsbezeichnung nach dem Betrag anzugeben.

€ oder EUR? Die DIN lässt beides zu.

Empfehlung!

Wenn Sie eine Wahl haben, nehmen Sie am besten das €-Zeichen. Es geht in der E-Mail um Kurzsprache. Bei „EUR" haben Sie die Währungsbezeichnung fast ausgeschrieben.

Datumsangaben: In diesem Fall lässt die DIN folgende drei Schreibweisen zu:

Beispiele
1. *04.05.2019*
2. *4. Mai 2019*
3. *2019-05-04*

Bei der Variante 1 ist es notwendig, alle Nullen mitzuschreiben.

Bei der Variante 2 dürfen Sie keine Nullen bei einstelligen Datumsangaben verwenden.

Bei der Variante 3 geht es um die Reihenfolge Jahr-Monat-Tag, die ganz praktisch bei einer elektronischen Archivierung ist. Im Fließtext ist eine solche Gliederung nicht zu empfehlen.

Tipp: Legen Sie eine Schreibweise des Datums für Ihr Unternehmen, falls nicht schon geschehen, fest.

Uhrzeiten werden mit Doppelpunkt gegliedert. Bei vollen Stunden kann auf die Minutenangabe verzichtet werden.

> *Beispiele*
> *12:00 Uhr oder 12 Uhr*
>
> *von 12:30 bis 14:00 Uhr*

Beachten Sie: Wenn bei einer Zeitspanne die Zeitangabe mit der Formulierung „von" eingeleitet wird, müssen Sie auch das Wort „bis" einsetzen. Ein Ersatz des Wortes „bis" durch den Strich ist in diesem Fall nicht möglich.

Schreibweise von Zahlen

Auch in der E-Mail-Korrespondenz gelten die grundsätzlichen Regeln der DIN zur Schreibweise von Zahlen. In jedem Fall halten Sie sich an die Festlegungen Ihres Unternehmens bzw. Ihrer Behörde. Sie sichern damit das einheitliche Erscheinungsbild Ihrer Korrespondenz.

Schreibung und Verwendung von Abkürzungen

Bei der Schreibung von Abkürzungen gibt es eine formale und eine stilistische Seite.

Schreibung von Abkürzungen (formaler Aspekt)

Bei der Schreibweise von Abkürzungen gibt es drei grundsätzliche Fallgruppen.

Schreibung von Abkürzungen mit Punkt: Das betrifft Beispiele, die Sie in der mündlichen Kommunikation gewöhnlich nicht sprechen können.

> **Beispiele**
> *z. B., vgl. , usw., z. T., ggf., m. E., bzw., …*

Beachten Sie bitte, dass bei mehrteiligen Abkürzungen (i. A.) zwischen den abgekürzten Wörtern ein Leerzeichen steht.

Abkürzungen als Kurzwörter: Wenn Abkürzungen in der mündlichen Kommunikation üblicherweise nicht ausgesprochen, sondern als Kurzwort gesprochen werden, dann werden diese ohne Punkt abgekürzt.

> **Beispiele**
> *GmbH, Pkw, BGB, NRW, LKA, AG, …*

Beachten Sie bitte, dass diese Abkürzungen als Kurzwörter gebeugt werden (z. B. die GmbHs).

Abkürzungen als Maßeinheiten: In den Naturwissenschaften würden Punkte in Formeln stören. Außerdem wären Sie vielleicht als Zeichen für die Multiplikation interpretierbar. Also keine Punkte bei Maßeinheiten.

> **Beispiele**
> *m, m^2, m^3, kWh, €, l, kg, …*

Beachten Sie bitte, dass zwischen einer Zahl und einer Maßeinheit immer ein Leerzeichen steht (120,00 €, 23 m, 34 m^2).

Schreibweise von Abkürzungen

In der E-Mail-Korrespondenz gelten die DIN-Schreibweisen von Abkürzungen entsprechend. Diese sind z. T. auch international standardisiert z. B. bei Maßeinheiten.

Verwendung von Abkürzungen (stilistischer Aspekt)

Wenn Sie Abkürzungen in der E-Mail-Korrespondenz verwenden, ist immer der Empfängerhorizont zu berücksichtigen. Wenn Sie an Privatkunden schreiben, kann eine Abkürzung wie „ggf." für „gegebenenfalls" schon für Verwirrung sorgen. Bei Geschäftskunden können Sie von einem größeren Verständnis für Abkürzungen ausgehen.

Empfehlung!

Legen Sie für Ihr Unternehmen unter Berücksichtigung der Zielgruppe die Abkürzungen fest, die verwendet werden dürfen.

Die E-Mail-Korrespondenz „verlangt" nach immer neuen Abkürzungen. Der Trend geht in Richtung Kurzsprache! Aber, sind diese neuen Abkürzungen korrekt, verständlich bzw. stilgerecht?

Beispiel
Hallo, Hr. Müller,

benöt. kzfg. Abl.-Prot. K. hat u. schn. A. g.

Was s. u. w.?

VGr.

Diese E-Mail ist schwer oder nicht zu verstehen.

Bevor Sie in der E-Mail-Korrespondenz weitere Abkürzungen erfinden, fragen Sie sich bitte unbedingt nach der Verständlichkeit.

Beispiel ohne Abkürzungen
Hallo, Herr Müller,

ich benötige kurzfristig das Ablese-Protokoll. Kunde hat um schnelle Antwort gebeten.

Was soll unternommen werden?

Viele Grüße

Verwendung von Abkürzungen

Verwenden Sie auch in der E-Mail-Korrespondenz nur Duden-übliche bzw. fachgebietsanerkannte Abkürzungen. Zu viele Abkürzungen wirken nicht effektiv, sondern unverständlich und unhöflich.

Schreibungen mit Bindestrich (Kopplungsstrich)

Ein Kopplungsstrich verbindet verschiedene Wortbestandteile miteinander. Damit werden Schreibweisen aufgebrochen und damit leichter lesbar. (= Mittel der Leichten Sprache – siehe S. 102)

Der Einsatz von einem Kopplungsstrich erleichtert das Erfassen eines Wortes. Für das schnelle Lesen der E-Mail ist das sehr wichtig. Deshalb sind diese Schreibweisen für die E-Mail-Korrespondenz interessant.

Zusammenschreibung von Zahlen und Buchstaben

Selbstverständlich können Sie das entsprechende Wort immer ausschreiben: Beispiel „einhundertprozentig".

Wenn Sie das Zahlwort als Zahl schreiben möchten, gibt es nach der neuen Rechtschreibung eine klare Trennung:

• Wenn Sie nach der Zahl einen Wortstamm haben, dann schreiben Sie immer mit dem Kopplungsstrich:

„100-prozentig" (Wortstamm „Prozent").

• Wenn nach der Zahl eine grammatische Endung folgt, schreiben Sie ohne Kopplungsstrich:

„100 %ig" („ig" ist eine grammatische Endung)

Beachten Sie bitte folgende Agentur-Regelung:

Zahlen von 0 bis 12 werden ausgeschrieben.

In der DIN 5008 gibt es eine solche Regelung nicht.

Empfehlung!

Machen Sie bitte die Schreibweise von Ihrer Aussageabsicht abhängig.

Beispiel

die 3-jährige Garantie oder die dreijährige Garantie

Wenn Sie mit der 3-jährigen Garantie einen Kundennutzen darstellen möchten, ist die Schreibung mit der Zahl besser geeignet.

Übung

Schreiben Sie folgende Wortformen bitte mit Zahlen. Beachten Sie bitte die Groß- und Kleinschreibung.

Die fünfjährige Laufzeit des Vertrages …

Der Zwanzigjährige kommt nach Hause.

Der zehnjährige Schüler …

Die fünfmalige Wiederholung …

Der dreifache Wert …

Das Fünfache des Umsatzes …

Lösungen

Die 5-jährige Laufzeit des Vertrages …

Der 20-Jährige kommt nach Hause.

Der 10-jährige Schüler …

Die 5-malige Wiederholung …

Der 3-fache Wert … auch der 3fache Wert

Das 5-Fache des Umsatzes … auch das 5fache des …

Beachten Sie bitte: Bei der Silbe „fach" sind beide Schreibweisen möglich.

Wenn Sie den Kundennutzen betonen möchten, ist die Schreibweise mit einer Zahl der ausgeschriebenen Variante vorzuziehen.

Lesbarkeit von Wörtern befördern

Wenn Sie lange Wörter haben, ist oft das schnelle Lesen der E-Mail eingeschränkt. Das gilt insbesondere für folgende Fälle:

- Wenn Sie zufällig an einer Wortfuge drei gleiche Buchstaben haben, dann ist oft das Erfassen des Wortes schwierig.

- Wenn Fremdwörter mit deutschen Wörtern verbunden werden, ist mitunter auch ein schnelles Erfassen schwierig. Besser ist es, diese Wörter mit Kopplungsstrich zu schreiben.

- Wenn Sie sehr lange Wörter (mehr als 15 Buchstaben) verwenden, wird das Lesen erschwert.

Beispiele

Versicherungs-Bedingungen oder Versicherungsbedingungen

Schritt-Tempo oder Schritttempo

Kunststoff-Fenster oder Kunststofffenster

Feedback-Bogen oder Feedbackbogen

Beachten Sie bitte, dass die Schreibung mit Kopplungsstrich nur zulässig ist, wenn zwei sinnvolle Wörter entstehen. Also nicht: „Still-Legung".

Kopplungsstrich

Die Schreibung mit Kopplungsstrich optimiert das schnelle Erfassen des Textes in der E-Mail-Korrespondenz.

Gestaltungsprinzipien (Layout)

Wenn Sie eine E-Mail erhalten, die ohne Absätze gegliedert ist, sinkt Ihre Motivation, überhaupt zu lesen. Ein schnelles Erfassen der wichtigen Botschaften wird erschwert oder unmöglich gemacht.

Beispiel

Guten Tag, Herr Muster,

danke für das schnelle Zusenden des Prüfberichtes. Mir ist dabei noch Folgendes aufgefallen: Die Prüfintervalle entsprechen nicht der DIN. Das Verfahren zur Bestandsoptimierung ist nicht evaluiert. Die Phase 3 wird im Bericht nicht erwähnt. Deshalb kommt auf uns noch einmal eine Nacharbeit zu. Ich schlage den 24. November, 16:00 Uhr vor. Wenn das klappt, geben Sie mir bitte kurz Bescheid. Möglichst noch heute. Habe einen enggestrickten Terminkalender. Vielen Dank.

Liebe Grüße

Manfred Muster

In der E-Mail Korrespondenz können Sie mit folgenden Layout-Regeln der DIN arbeiten.

Absätze werden mit einer Leerzeile gekennzeichnet. Der Text wird andererseits nicht zergliedert. Nicht jeder Satz ist ein Absatz.

Nutzen Sie bei Aufzählungen die **Gliederung mit Spiegelstrichen** (oder anderen Gliederungszeichen). Damit brechen Sie das Layout wirkungsvoll auf. Ein schnelles Erfassen wird erleichtert. Der Leser bekommt eine Checkliste. Diese Aufzählungen werden mit Leerzeilen am Beginn und am Ende gekennzeichnet.

Nutzen Sie **Fettdruck,** um Zahlen, Wortgruppen, kurze Sätze hervorzuheben. Gehen Sie sparsam mit Hervorhebungen um. Zu viel Fettdruck schadet der Konzentration des Lesers auf das Wesentliche.

Ein **Ausrufezeichen** steht nur für „wichtig" oder „Achtung".

Beachten Sie bitte, dass der Rand in der E-Mail mit **Silbentrennung nicht** gestaltet wird, da die Fenstereinstellungen unterschiedlich sind. Silbentrennung würde u. U. zum „Zerschießen" des Layouts führen.

Beispiel überarbeitet
Guten Tag, Herr Muster,

danke für das schnelle Zusenden des Prüfberichtes. Mir ist dabei noch Folgendes aufgefallen:

- *Die Prüfintervalle entsprechen nicht der DIN.*

- *Das Verfahren zur Bestandsoptimierung ist nicht evaluiert.*

- *Die Phase 3 wird im Bericht nicht erwähnt.*

Deshalb kommt auf uns noch einmal eine Nacharbeit zu.

*Ich schlage den **24. November, 16:00 Uhr** vor. Wenn das klappt, geben Sie mir bitte kurz Bescheid. **Möglichst noch heute**. Habe einen enggestrickten Terminkalender. Vielen Dank.*

Liebe Grüße

Manfred Muster

Angenehmes Seitenlayout

Sorgen Sie bitte in der E-Mail für ein angenehmes Seitenlayout, welches das schnelle Erfassen wichtiger Informationen befördert.

Orthografie in der E-Mail-Korrespondenz

Am Beginn des E-Mail-Zeitalters wurde auf die Korrektheit im Text nicht so viel Wert gelegt. Es war ja „nur" eine E-Mail.

Inzwischen – nach der Etablierungsphase der E-Mail-Korrespondenz im Geschäftlichen – ist deutlich geworden, dass es sich um Geschäftskorrespondenz handelt. Also: Die Regeln der Orthografie gelten entsprechend. Im Folgenden einige Tipps.

Stolperstellen der neuen Rechtschreibung

Es gibt einige Formen, die sich im öffentlichen Sprachbewusstsein noch nicht etabliert oder fälschlicherweise eingeschlichen haben.

Stolperstellen

Die Wörter **„der eine, die anderen, die meisten, die wenigen"** (auch ähnliche Ableitungen) werden wie bisher in der Regel kleingeschrieben, auch wenn ein Artikel davor steht. (Duden Band 1, Seite 62)

Das Wort **„zurzeit"** ist ein Adverb (Umstandswort) und wird deshalb zusammengeschrieben. Es bedeutet: „jetzt", „gegenwärtig". Neue Abkürzungen: zz. bzw. zzt. Achtung! In der Bedeutung „zur (zu der) Zeit der Jahrhundertwende" bleibt es bei der Getrenntschreibung.

Die Frageeinleitung **„wie viel"** wird stets getrennt geschrieben. „Wie viel Material …?" Vergleiche: „Wie viele Menschen …".

Das Wort **„Folgendes"** wird großgeschrieben. Es handelt sich um ein Substantiv: „das Folgende". (Achtung: neue Abkürzung „u. Ä." für „und Ähnliches")

Alle Formen mit „irgend-" werden zusammengeschrieben, also auch **„irgendjemand"** und **„irgendetwas"**.

Neue Wortstämme

Nach der neuen Rechtschreibung gibt es einige wenige Neuschreibungen vom Wortstamm. Wenn Sie die Neuregelungen im Bereich „ss" abziehen, bleiben etwa 100 Neuschreibungen. Die meisten nutzen Sie wenig oder kaum. Wie oft haben Sie in Ihrem geschäftlichen Korrespondenzalltag das Wort „belämmert" (früher belemmert) geschrieben?

Die folgenden Wortstämme prägen Sie sich bitte ein. Sie können diese u. U. in einer E-Mail gebrauchen:

Wichtige Neuschreibungen

Tipp, Stopp (Achtung, das Stop-Zeichen bleibt unverändert)

nummerieren, Nummerierung

platzieren, Platzierung

Stängel, Getreidestängel

rau, Raufasertapete, …

föhnen

Variantenschreibungen

In der Rechtschreibung gab und gibt es Schreibvarianten. Oft ist die historische Ableitung nicht mehr nachvollziehbar:

die Schänke – hergeleitet von Ausschank

die Schenke – hergeleitet von ausschenken

Die neue Rechtschreibung hat einige weitere Variantenschreibungen möglich gemacht. Seit 2006 gibt es jedoch in vielen Fällen eine Empfehlung vom Duden-Verlag (im Duden gelb markiert). Diese Schreibungen stellen sprachliche Entwicklungstrends dar.

Das heißt, für eine moderne Sprache in der E-Mail-Korrespondenz sind diese Schreibungen auch zu empfehlen. Im

Folgenden finden Sie eine Tabelle mit typischen Variantenschreibungen:

Vom Duden empfohlen	Weitere Variante
aufwendig	aufwändig
substanziell	substantiell
Potenzial	Potential
Justiziar	Justitiar
selbstständig	selbständig
energiesparend	Energie sparend
achtgeben	Acht geben
aufgrund der …	auf Grund der …
infrage kommen	in Frage kommen
zustande bringen	zu Stande bringen…

Kommasetzung

Nach der neuen Rechtschreibung gibt es keine Kommastelle, bei der Sie zwingend ein Komma weglassen müssen. Anders ausgedrückt: Es gibt wenige Kommastellen, wo Sie das Komma weglassen können.

Empfehlung!

Setzen Sie alle Kommas wie bisher in Ihrer Korrespondenz. Sie gliedern den Satz und für den Leser wird die Information schneller erfassbar.

Beispiel
Lesen Sie sich bitte den folgenden Satz ganz schnell durch:

Einen Kurs zum journalistischen Schreiben planen wir im Frühjahr und im Herbst bieten wir einen Kurs zum kreativen Schreiben an.

- *Mit einem Komma fällt es leichter, den Sinn des Satzes zu erfassen.*

Einen Kurs zum journalistischen Schreiben planen wir im Frühjahr, und im Herbst bieten wir einen Kurs zum kreativen Schreiben an.

Auf den Punkt gebracht

Normative Vorgaben

Die E-Mail hat sich als die dominante Form der üblichen Korrespondenz im Geschäftlichen und im Verwaltungsbereich etabliert. Damit sind die „wilden Jahre" vorbei. Bitte halten Sie sich auch in der E-Mail-Korrespondenz an die normativen Vorgaben.

In erster Linie halten Sie bitte die Festlegungen Ihres Corporate Designs ein.

In zweiter Instanz gelten die Regelungen der DIN 5008.

Nutzen Sie bitte in der E-Mail-Korrespondenz unbedingt die neue Rechtschreibung.

Ausblick Zusammenfassung

Korrespondenz ist einerseits das Resultat des technisch Machbaren und andererseits der Ausdruck unserer Kommunikationskultur: Wann wurde das letzte Telegramm versendet? Vielleicht um das Jahr 2000? Wann wird der letzte papierne Brief versendet? Die SMS ist schon wieder Geschichte, weil mit einer WhatsApp Bilder und Videos versendet werden können.

In der geschäftlichen Korrespondenz kommt ein weiterer grundsätzlicher Faktor ins Spiel: die rechtliche Sicherheit. Kann der Empfänger sich rechtlich auf das Geschriebene verlassen? Hier sind zusätzliche Rahmenbedingungen und die dazu ergangene sowie die noch ergehende obergerichtliche Rechtssprechung zu beachten.

Deshalb wird es auf absehbare Zeit ein Nebeneinander von Brief und E-Mail geben. Das Unternehmen bzw. die öffentliche Verwaltung muss die Vorteile und Nachteile abwägen.

Es wird in der Geschäftskorrespondenz und im öffentlich-rechtlich geregelten Verwaltungsbereich kein Zurück geben, zumal die Schnelligkeit der Informationsübertragung ein entscheidendes Kriterium für die E-Mail ist.

Die rechtlichen Leitplanken der E-Mail-Korrespondenz werden sicher in den nächsten Jahren erweitert bzw. präzisiert werden.

Die papierne Korrespondenz wird Nischen besetzen, wo es um Gestaltung und Ausstrahlung geht, z. B. Glückwünsche zu einem Firmenjubiläum, Kondolenzbrief, Veranstaltungseinladung … In Papierform werden vielleicht auch bestimmte Rechtstexte weiterhin versendet (z. B. notarielle Urkunden).

Die Autoren sind sich sicher, dass die Veränderungen in der Sprache der E-Mail-Korrespondenz weiter voran schreiten. Einflüsse der mündlichen Kommunikation und der Leichten Sprache werden zunehmen. Das kann gefallen oder nicht. Es geht aber letztendlich immer um Effektivität und Präzision in der Kommunikation. Die Formen der Leichten Sprache haben ihre Grenzen, wenn es um Rechtsverbindlichkeit in der Kommunikation geht.

Andererseits wird es auch zukünftig den Hang und Zwang zu einer wirkungsvollen Korrespondenz geben, z. B. wenn es um Motivation der Lesenden geht, wenn es um Einfühlungsvermögen geht, wenn ein persönlicher Eindruck wichtig ist.

Die Fähigkeit, eindrucksvoll zu formulieren, Gedanken in Sprache zu gießen, das wird die Maschine PC den Schreibenden oder vielleicht zukünftig den Diktierenden nicht abnehmen.

Wer schreibt, der bleibt … in Erinnerung!

Stichwortverzeichnis

Die Autoren

Prof. Dr. Edmund Beckmann

war u. a. Justiziar der Stadt Bochum, Dezernent für Rechts-
angelegenheiten, Liegenschaften und Studentische Angelegenheiten der Ruhr-Universität Bochum und ist Lehrbe-
auftragter u. a. verschiedener kommunaler Studieninstitute
sowie Angehöriger der RA-Kanzlei Beckmann & Abshoff.

profebeckmann@hotmail.com

Dr. Steffen Walter

bietet Korrespondenztraining und Korrespondenzberatung.
Er unterstützt seit vielen Jahren Unternehmen und Öffentliche Verwaltungen, schriftsprachliche Kommunikation zu
optimieren.

drsteffenw@aol.com

Impressum:
Verlag C. H. Beck im Internet: www.beck.de
ISBN Print: 978-3-406-73685-8
ISBN E-Book: 978-3-406-73686-5
© 2019 Verlag C. H. Beck oHG
Wilhelmstraße 9, 80801 München
Satz: Fotosatz Buck, 84036 Kumhausen
Druck und Bindung: Beltz Bad Langensalza GmbH
Am Fliegerhorst 8, 99947 Bad Langensalza
Umschlaggestaltung: Ralph Zimmermann – Bureau Parapluie
Umschlagbild: © BillionPhotos.com – fotolia.com
Gedruckt auf säurefreiem, alterungsbeständigem Papier
(hergestellt aus chlorfrei gebleichtem Zellstoff)